21世纪工程图学系列教材

土建工程制图

（第二版）

主　编　李国生　黄水生
副主编　陈皓宇　袁　果

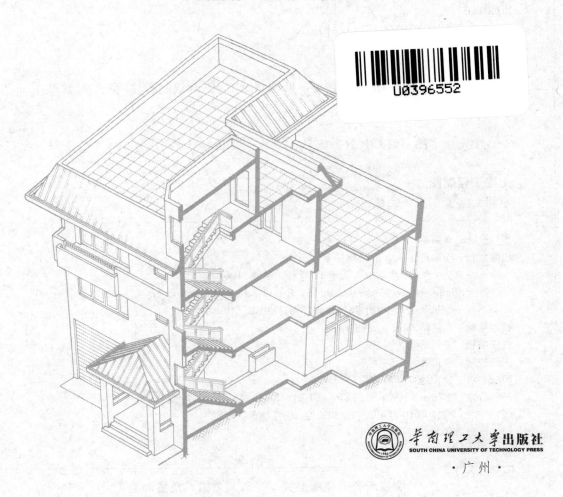

U0396552

华南理工大学出版社
SOUTH CHINA UNIVERSITY OF TECHNOLOGY PRESS

·广州·

内 容 简 介

本教材依据教育部 2010 年《普通高等学校工程图学教学基本要求》的精神,结合编者的实践经验和当前教学改革的形势修订而成。其内容编排依次是:制图的基本规格和技能、投影作图概述、基本体的投影、组合体的投影、建筑形体的表达方法、建筑施工图、结构施工图、给水排水工程图、道路工程图、轴测图和透视图,共 11 章。

正本清源,体系重组;简明扼要,按部就班;切合实际,学以致用;是本教材的主要特色。

本教材可作为高等院校土木工程、建筑学、城市规划、工程管理、给水排水、道路工程等专业的画法几何及工程制图课程的教科书,也可供大专、中专、电视大学、函授大学、职工大学等有关专业使用。此外,还可供在职工程技术人员参考。

与本教材配套的《土建工程制图习题集》同时由华南理工大学出版社出版,可供选用。

本教材配套有电子教学课件,可在华南理工大学出版社网站下载区下载。

图书在版编目(CIP)数据

土建工程制图/李国生,黄水生主编. —2 版. —广州:华南理工大学出版社,2020.10

(21 世纪工程图学系列教材)
ISBN 978 - 7 - 5623 - 6422 - 1

Ⅰ.①土…　Ⅱ.①李…②黄…　Ⅲ.①土木工程-建筑制图-高等学校-教材
Ⅳ.①TU204

中国版本图书馆 CIP 数据核字 (2020) 第 144473 号

土建工程制图

李国生　黄水生　主编

出 版 人:**卢家明**

出版发行:华南理工大学出版社
(广州五山华南理工大学 17 号楼,邮编 510640)
http://www.scutpress.com.cn　E-mail:scutc13@scut.edu.cn
营销部电话:020 - 87113487　87111048 (传真)

策划编辑:王魁葵
责任编辑:王魁葵　黄丽谊
责任校对:袁桂香
印 刷 者:佛山家联印刷有限公司
开　　本:787mm×1092mm　1/16　印张:15.75　插页:1　字数:400 千
版　　次:2020 年 10 月第 2 版　2020 年 10 月第 5 次印刷
印　　数:5 001～7 000 册
定　　价:45.00 元

第二版前言

本教材第一版于 2014 年结合当时的教学改革实践经验，并参考国内外同类教材的动向编写而成。相对来说，其写作定位比较准确，结构体系比较严谨，除优化了画法几何学某些章节的内容外，还编入了不少当代的土建工程实例，图文并茂，特色鲜明，从而迅速赢得了市场，获得了众多高等院校师生的青睐。

本教材此次修订主要依据教育部工程图学课程教学指导委员会 2010 年修订的《普通高等学校工程图学课程教学基本要求》以及近年来颁布的国家标准来编写，并基于我国土建行业对人才的宏观需求，从培养 21 世纪创新型、应用型、复合型人才的目标出发，结合编者和各有关院校一线教师近年来的教学实践和教改成果，秉承第一版的特色和基本构架，对原教材的结构和内容做了必要的调整。也就是说，此次修订在改变教育观念、优化课程结构、改革课程内容与体系等方面做了新的探索，其特色可用"正本清源，体系重组；简明扼要，按部就班；切合实际，学以致用" 24 个字来概括。

（1）考虑到我国图学教育的教改趋势和各高校教学时数的不断缩减，兼顾学习的认知规律以及理论与实际的联系，进一步淡化了画法几何学的内涵，对其作图原理进行了有效的整合，精简了与之对应的章节，加强形象化教学，从而突出形体的表达方法，以培养学生基本的投影作图能力和投影分析能力。

（2）将原"平面形体的投影"和"曲面形体的投影"整合为"基本体的投影"一章，并基于认知规律，令"基本体的投影""组合体的投影"直接过渡到"建筑形体的表达方法"……这些都是探讨二维图形的绘制与识读的章节，循序渐进；而将"制图的基本规格和技能"前移为第 1 章，将"轴测投影"（更名为"轴测图"）调整到"透视图"之前，顺理成章。

（3）采用了最新颁布的《GB/T 50001—2017 房屋建筑制图统一标准》、《GB 50010—2010 混凝土结构设计规范》（2015 版）等，重点大手笔修改和理顺了"建筑施工图""结构施工图"和"给水排水工程图"三章的有关图文。

（4）对"道路工程图"一章的图文，也做了必要的修正和充实。

（5）删除了"室内装修施工图"一章，有需求者，请参阅本书末所列参考文献［3］所示书籍中的相关内容。

（6）增加了"透视图"一章，以满足有关专业的教学需求。

（7）书中凡冠以"＊"号的章节，各校可根据专业设置等实际情况在教学过程中作适当取舍。

本教材此次修订由广州大学李国生（编写第1、4、6、9、11章）、黄水生（编写第2、3、10章）任主编，广东珠荣工程设计有限公司陈皓宇（编写第6、7章）、湖南大学袁果（编写第5、8章）任副主编。广州大学黄莉、谢坚，长春工程学院潘延力、吉林大学珠海学院林俊航参与了部分章节的编写工作，或提供了一些宝贵的意见和建议。广东珠荣工程设计有限公司总建筑师李美能自始至终对本教材的修订给予了大力的支持并提供了许多翔实的资料，广东省公路勘测设计院高级工程师赵树荣也为本教材提供了许多道路工程施工图实例；此外，广州大学高级工程师张小华、澳大利亚设计师黄青蓝等也为本教材的编写付出了辛勤的劳动，在此对所有支持本教材编写的人士，一并致以诚挚的谢意。

由于编者业务水平有限，本教材中不当之处在所难免，热忱欢迎关爱本教材的同行和读者提出宝贵意见。

与本教材配套的《土建工程制图习题集》（第二版，黄水生、李国生等主编）同时由华南理工大学出版社出版，可供选用。

编　者
2020 年 5 月

第一版前言

　　本书是在《土建工程制图》（李国生、黄水生主编，华南理工大学出版社）和《土建工程图学》（黄水生、姜立军、李国生主编，华南理工大学出版社）的基础上，依据教育部工程图学教学指导委员会最新颁布的《普通高等院校工程图学课程教学基本要求》，并着眼于新时期对人才素质的期望，秉承我国图学教育的传统精华，基于各级建筑设计部门的工程项目要求，以及遵循最新的有关技术标准编写而成。教材在改变教育观念、探索新的教育模式、优化课程结构、改革课程内容与体系等方面做了新的探索，适用于普通高等院校土木建筑类、工程管理类、室内设计等专业，也可供中等专科、电视大学、函授大学、职工大学等有关专业选用，还可供工程技术人员参考。

　　本书编写的指导思想是：以培养学生的空间想象能力、表达构思的能力，提高工程业务素质及创新意识为目标，与专业人才的培养模式相适应，紧扣"识图、绘图"这一主线，以"体"为纲，遵循"实用、够用、专业"的基本原则来合理地组织教材内容。

　　本书具有如下的主要特点：

　　(1) 将现代教育理论和方法论的研究成果与工程图学知识相结合，使学生在学习专业制图理论和进行绘图实践基本训练的同时，得到科学思维方法的培养，以及构思能力、创新能力的开发和提升。这种将传统与现代相结合的教材编写模式，顺应了21世纪对人才培养的需求，从而使传统的工程图学教育，从仅着重"知识、技能"的培养向更加全面的综合培养方向转化，令教材具有时代性和先进性。

　　(2) 从"体"出发阐述正投影的规律，简化了画法几何理论。这种将点、线、面的投影蕴含于"体"的投影之中，即"具体—抽象—具体"的双向思维教学过程，深化了正投影法基本理论的学习，符合辩证唯物主义的认知规律。

　　(3) 在内容选择上遵循"实用、够用、专业"的编写原则，以满足学时较少的教学需求。对基本概念、基本原理与方法的叙述，力求条理清晰、简单明了、文字流畅、通俗易懂。全书内容由浅入深、循序渐进、突出重点、切合实际。在教材体系的编排上结构紧凑、图文对照、以图带文，便于教师施教，学生自学。

土建工程制图

（4）坚持徒手绘图的教学理念。考虑到徒手绘图是现代工程技术设计，尤其是创意设计所必须具备的技能，本书将徒手绘图内容落实于有关的教学环节和作业实践中，以期加强对徒手绘图基本功的训练，实现培养学生快速设计构思能力的编写指导思想的初衷，同时提高学生的学习效率。

（5）2011年，中华人民共和国住房和城乡建设部批准并在全国推广实施的混凝土结构施工图平面整体表示方法，对传统的混凝土结构施工图的设计制图方法做了重大改革，本书对此做出了积极的响应。全书采用了我国最新颁布的《GB 50104—2010 建筑制图标准》《GB 50106—2010 建筑给水排水制图标准》《GB 50010—2010 混凝土结构设计规范》等国家标准、设计规范，以此强化学生的标准化意识。

（6）以模块化的结构形式进行编写，分画法几何、土建工程制图、室内设计制图三个板块。不同的专业可根据需要选择相应的模块进行教学。由于本书定位为工科、应用理科及工程管理学科各有关专业的通用教材，其内容偏广。因此，凡冠以"﹡"号的章节，各校可根据专业设置等实际情况在教学过程中作适当取舍。

本书由黄水生、陈皓宇、黄莉、谢坚任主编，潘延力、骆雯、钟建伟、林俊航任副主编，袁果、王玛琍、廖小敏、曾卫雄等参与了编写。由于编者业务水平有限，书中不当之处在所难免，敬请关爱本书的同行和读者提出宝贵意见。

本书在编写过程中参考了一些有关的专业文献（附书后），编者在此表示衷心的感谢。本书由广州大学李国生教授主审，他对全书的图文进行了仔细的审阅和润饰，并提出了不少合理的建议。此外，广东珠荣工程设计有限公司总建筑师李美能、广东省公路勘测设计研究院高级工程师赵树荣为本书提供了不少宝贵的工程实例，广州大学高级实验师张小华、澳大利亚设计师黄青蓝等也为本书的编写付出了辛勤的劳动，在此一并表示诚挚的谢意。

与本书配套的《土建工程制图习题集》（黄水生、陈皓宇、谢坚、黄莉主编）同时由华南理工大学出版社出版，可供选用。

编　者

2013 年 11 月于广州大学城

目 录

土建工程制图

绪　　论

人们生活在三维空间里，日常观察到的大自然一般都是具有某种形态的。在社会物质生产发展的过程中，为了有效地表达对大自然的认知，人们除了使用语言文字外，还学会了使用图形。图形既可以是客观事物的形象记录，也可以是人们头脑中所想象的事物的形象表现。图形既可以是三维的，也可以是二维的。

工程是社会物质生产发展过程中与设计、建设、制造相关的一切工作门类的总称。例如城市规划工程、房屋建筑工程、道路建设工程和机械电子工程等。要实施这些工程，一般来说，设计师和工程师要先把所设计对象的材料、形状、大小及技术要求等用图形及文字准确地在图纸上表达出来。这种在图纸上准确地表达出来的带有文字说明的图形，在工程中称之为图样。有了图样，工程实施部门便可根据它建造或制造出所设计的对象。

我国是一个伟大的文明古国，历史上有许多关于社会活动和工程建设的传记或典籍。在这些传记和典籍中大都配有一些某种形式的插图。例如，早在公元 1100 年，由北宋的李诚编写的《营造法式》，图文并茂，是一部十分珍贵的建筑规范巨著；明代的宋应星所著的《天工开物》更是绘制有大量的类似于现代的轴测投影的插图，等等。

18 世纪末，法国著名科学家加斯帕·蒙日（Gaspard Monge），在归纳前人成果的基础上，用几何学的原理，创立了将空间几何形体正确地绘制在平面图纸上的，一门被后人进一步发展为"画法几何"的新学科，编撰《投影几何原本》，率先推出了投影法的概念，为各种图样的画法奠定了理论基础。

本教材也就是一本以投影法为依据，逐步深入探讨土建类各种工程图样画法的教科书（在教学计划中它归属于技术基础课的范畴），其中的第 1～5 章是课程的基础。在这五章中，除阐述了我国有关部门所制订的关于图样画法的基本规则外，更主要的是着重阐述了投影法的基本概念和投影作图的基本知识，为学好本教材后面各章铺平道路。学习时，对投影法和投影作图这一部分宜着重弄清楚空间几何元素——点、线、面与形体之间的相互关联，弄清楚如何将它们表达在二维的平面上，进而运用有关的投影规律解决与之相关的定形问题和定位问题，逐步建立起相当的空间概念和掌握好相当的投影分析能力。

本教材的第 6～9 章是本课程的教学重点，其主旨是在介绍有关土建工程基础知识的同时，结合实际，通过一些实例说明土建工程从初步设计到施工图设计所用图样的种类和画法，进一步提高学生的制图与识图能力，为学习后续课程打下坚实的基础。

本教材的最后两章，其内容是阐述能显示出形体三度空间的立体图形——轴测图和透视图的原理与画法。这些图在实际工作中通常是作为一种辅助图样来说明有关工程的立体形象的，如本教材第 6 章中的图 6 - 3 和图 6 - 13 等图所示。其中图 6 - 13 是根据图

6－12 所示的设计方案绘制并经过配景润饰后的透视图，这种图通常称之为"设计效果图"。

关于工程图样的生成，既可用手工绘画也可以用电脑制作 。目前，由于电脑绘图技术（软件）和设备（硬件）发展得已很成熟，应用它制作出来的图样，其清晰度和工整度大都比用手工绘画的胜出了许多。因此，工程主管部门明确规定，设计单位用以报批的施工图，都必须用电脑制作 。那么，是不是说学生在学习本专业、本课程时，就不必学习手工绘图的技术了呢？答案当然是否定的。

就认知的程序而言，学生通过手工绘图，可以获得并熟记更多的关于制图标准方面的基本知识以及提高投影作图方面的基本技能，特别是通过手绘专业工程图样的技术训练，更可以进一步提高合理选择图样画法及其表达方法的能力，更加懂得如何评判图面质量的好坏。如果对上述各个方面一无所知或知之甚少，又怎能善于使用电脑完成所执行的绘图任务？

让我们扎实地从本教材的第 1 章起步吧！请记住："实践是检验真理的唯一标准"。到学习完本课程之时，又学会了电脑绘图技术之日，才可以说真正掌握了绘制现代工程图样的技能。

第1章　制图的基本规格和技能

1.1　建筑制图国家标准的基本规定

1.1.1　**图纸幅面**（根据 GB/T 50001—2017）[①]

图纸幅面是指绘制图样所用图纸的大小。绘制图样时应优先采用表 1-1 所规定的基本幅面。

表 1-1　幅面及图框尺寸

单位：mm

尺寸代号 ＼ 幅面代号	A0	A1	A2	A3	A4
$b \times l$	841×1189	594×841	420×594	297×420	210×297
c	10			5	
a	25				

表中 b、l 分别为图纸的短边和长边，a、c 分别为图框线到图幅边缘之间的距离。A0 幅面的面积为 1 m²，A1 幅面是 A0 幅面的对开，其余类推。制图标准对图纸的标题栏和会签栏的尺寸、格式及内容制定有若干推荐性的规定，以供选用。但据了解，对标题栏的内容，目前建筑设计业界也有按具体情况自行拟定的。图 1-1 所示是制图标准规定的留有装订边的图纸幅面、格式及标题栏举例。学校制图作业的标题栏可以简单一些，常用的格式见与本书配套的习题集中的第 4 页。

1.1.2　**比例**（根据 GB/T 50001—2017）

比例是指图样中的图形与所表示的实物相应要素的线性尺寸之比。比例应以阿拉伯数字表示，宜注写在图名的右侧，字高应比图名的字高（即字号）小一号或两号。例如：

平面图 1：100

在一般情况下，应优先选用表 1-2 中所示的常用比例。

注：① 国家标准简称"国标"，代号"GB"或"GB/T"。此处所引用的标准的全称是 2017 年颁布的带推荐性的第 50001 号中华人民共和国国家标准《房屋建筑制图统一标准》。

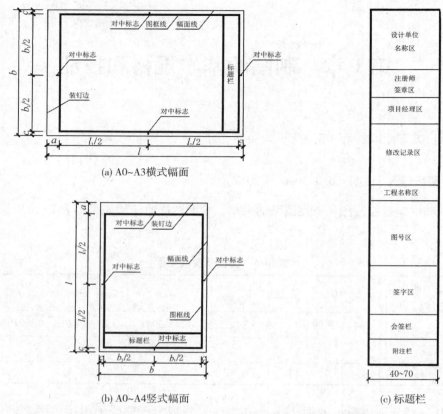

(a) A0~A3横式幅面

(b) A0~A4竖式幅面

(c) 标题栏

图 1-1　图纸幅面、格式及标题栏举例

表 1-2　绘图所用的比例

常用比例	1:1、1:2、1:5、1:10、1:20、1:30、1:50、1:100、1:150、1:200、1:500、1:1000、1:2000
可用比例	1:3、1:4、1:6、1:15、1:25、1:40、1:60、1:80、1:250、1:300、1:400、1:600、1:5000、1:10000、1:20000、1:50000、1:100000、1:200000

1.1.3　字体（根据 GB/T 50001—2017）

在图纸上书写的文字必须做到：字体工整、笔画清楚、间隔均匀、排列整齐。

制图标准规定字体的高度，常用汉字的字高有 3.5、5、7、10、14、20 六种。非汉字的字高则有 3、4、6、8、10、14、20 之分。字体的宽度约为字高 h 的 2/3，即等于比其小一号的字体的高度。

1. 汉字

图样中的汉字应采用长仿宋体，并规定采用国家正式公布推行的《汉字简化方案》中的简化字。例如：

房屋建筑制图统一标准结构名称

徒手书写的汉字，其基本笔画与笔法如表1-3所示。

表1-3 长仿宋字的基本笔画与笔法

名称	点	挑	横	竖	撇	捺	厥	钩
笔画型式	上点 左点 右点 垂点 挑点	平挑 左挑 斜挑 向上挑	平横 左尖横 右尖横 右钩横	直竖 上尖竖 下尖竖	斜撇 竖撇 曲撇	斜捺 平捺 曲头捺 反捺	右厥 左厥 斜厥 双厥	竖钩 曲钩 包钩 厥钩
例字	立 心	批 冶	芷 定	在 制	行 各	木 迷	安 同 山 及	刮 防 孔 气

2. 阿拉伯数字、拉丁字母及罗马数字

用电脑制作时，图样及说明书中的拉丁字母、阿拉伯数字与罗马数字，宜优先采用 True type 字体中的 Roman 字型。

用手工绘图时，徒手书写的阿拉伯数字、拉丁字母及罗马数字应符合现行国家标准《GB/T 14691 技术制图——字体》的有关规定，一般采用 A 型斜体，其倾斜角度约为 75°，字体的笔画宽度约为字高 h 的 1/14，如图 1-2 所示。当书写位置不够时，允许采用字宽较窄、字形与 A 型相仿的 B 型斜体。

斜体阿拉伯数字

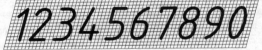

斜体罗马数字

(a) A型阿拉伯数字和罗马数字字体示例 (笔画宽度约为字高的1/14)

大写斜体　　　　　　　　　　　　小写斜体

$$ABCDEFGHIJKLMN \quad abcdefghijklmn$$
$$OPQRSTUVWXYZ \quad opqrstuvwxyz$$

(b) A型拉丁字母字体示例 (笔画宽度约为字高的1/14)

图 1-2 数字、字母(A 型斜体)书写示例

1.1.4 图线(根据 GB/T 50001—2017)

工程图样中每一条图线都有其特定的作用和含义,绘图时必须按照制图标准的规定,正确使用不同的线型和不同宽度的图线。

建筑制图中图线的形式有实线、虚线、单点长画线、双点长画线、折断线、波浪线等,其中每种图线又有粗细之分。线型及其线宽的不同,该图线的用途也不同,具体见表1-4。

表1-4 图线

名　称		线　型	线宽	用　途
实线	粗	▬▬▬▬▬	b	主要可见轮廓线
	中粗	▬▬▬▬	$0.7b$	可见轮廓线、变更云线
	中	▬▬▬	$0.5b$	可见轮廓线
	细	———	$0.25b$	图例填充线、家具线、尺寸线
虚线	粗	▬ ▬ ▬ ▬	b	见各有关专业制图标准
	中粗	▬ ▬ ▬ ▬	$0.7b$	不可见轮廓线
	中	– – – –	$0.5b$	不可见轮廓线、图例线
	细	- - - -	$0.25b$	图例填充线、家具线
单点长画线	粗	▬ · ▬ · ▬	b	见各有关专业制图标准
	中	—— · —— ·	$0.5b$	见各有关专业制图标准
	细	—·—·—·—	$0.25b$	中心线、对称线、轴线等
双点长画线	粗	▬ ·· ▬ ·· ▬	b	见各有关专业制图标准
	中	—— ·· ——	$0.5b$	见各有关专业制图标准
	细	—··—··—	$0.25b$	假想轮廓线、成型前原始轮廓线
折断线	细	———/\/————	$0.25b$	断开界线
波浪线	细	∿∿∿∿∿	$0.25b$	断开界线

每个图样应根据其复杂程度和比例大小,选定恰当的线宽。当选定了粗实线的线宽b后,其他线型的线宽也就随之而定,即成为一定的线宽组(表1-5)。

表 1-5 线宽组 单位：mm

线宽比	线 宽 组			
b	1.4	1.0	0.7	0.5
0.75b	1.0	0.7	0.5	0.35
0.5b	0.7	0.5	0.35	0.25
0.25b	0.35	0.25	0.18	0.13

1.1.5 尺寸标注（根据 GB/T 50001—2017）

在图样中除了按比例正确地画出表达对象的图形外，还必须标注出完整的实际尺寸。施工时应以图样上所注的尺寸为依据，与所绘图形的准确度无关，更不得从图形上量取尺寸作为施工的依据。

图样上的尺寸单位，除另有说明外，均以毫米（mm）为单位。

图样上一个完整的尺寸一般包括尺寸线、尺寸界线、尺寸起止符号、尺寸数字四个部分，如图 1-3 所示。

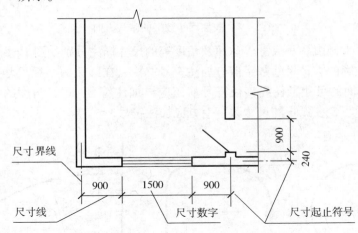

图 1-3 尺寸标注的基本形式和组成

1. 尺寸线

尺寸线用细实线绘制，不得用其他图线代替。线性尺寸的尺寸线必须与所注尺寸的方向平行；在圆弧上标注半径尺寸时，尺寸线应通过圆心。尺寸线一般不要超出尺寸界线之外。

2. 尺寸界线

尺寸界线也用细实线绘制且一般与尺寸线垂直，其一端应离开图样轮廓线外不小于 2 mm，另一端超出尺寸线外 2～3 mm，在某些情况下，也允许以轮廓线及中心线作为尺寸界线。

3. 尺寸起止符号

尺寸起止符号一般采用与尺寸界线成顺时针倾斜 45°的中粗短线表示，长度宜为

2～3 mm。在某些情况下，例如标注圆弧的半径时，宜改用箭头"——➤"作为起止符号，箭头的宽度 b 不宜小于 1 mm，长度约等于 $5b$。

　　4. 尺寸数字

　　注写尺寸数字时应遵照如图 1-4a 所示的读数方向的规定，不得倒写；为了避免产生误会，应尽量不在图示的 30°范围内标注尺寸。如实在无法避免，可按图 1-4b、c 的形式处理。

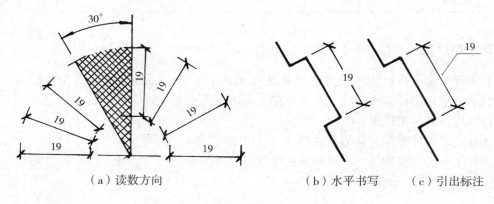

（a）读数方向　　　　　　　（b）水平书写　　（c）引出标注

图 1-4　线性尺寸数字的注写方向

　　圆、圆弧、大圆弧、小尺寸、球面及角度等的尺寸标注分别如图 1-5 中各个分图所示。标准规定在圆的直径尺寸数字前应加注符号"ϕ"，在圆弧的半径尺寸数字前应加注符号"R"；在球面的尺寸半径或直径符号前还应再加注符号"S"，角度的尺寸数字则一律按水平方向书写，在弧长的尺寸数字上方应加注符号"⌒"等。

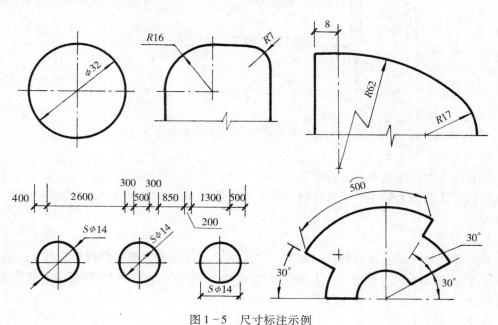

图 1-5　尺寸标注示例

1.2 绘图工具、用品及其使用

手工绘图常用下列工具及用品。为了保证绘图质量，提高绘图效率，首先要了解这些工具、用品的性能、特点，熟悉其使用和维护知识等。

1. 图板

图板用来张贴图纸，板面要求光滑平整，工作边要求平直，并以此作为绘图时丁字尺上下移动的导边（图 1－6a）。图板不可受潮，不可用图钉固定图纸。

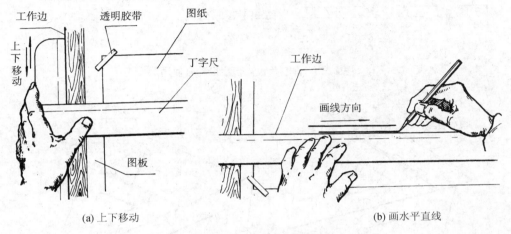

(a) 上下移动   (b) 画水平直线

图 1－6 图板、丁字尺及其使用

2. 丁字尺

丁字尺由尺头和尺身两部分构成（图 1－6），主要用来画水平直线。使用时，左手握住尺头，使尺头内侧紧靠图板左侧的工作边，上下移动到位后，左手向右平移过来并按住尺身，即可沿丁字尺的工作边自左向右画出所需的水平直线。如果所画的水平直线不长，左手不移过来亦可。

3. 三角板

三角板由两块直角三角形的板组成一副，其中一块两个锐角都为45°，另一块两个锐角分别为30°、60°。

将三角板配合丁字尺使用，可以画出与水平方向成90°角的竖直线，以及30°、45°、60°，或15°、75°、105°等斜线以及它们的平行线（图 1－7）。

将两块三角板互相配合，可以画出任意直线的平行线或垂直线，见图 1－8。不允许单独使用一块三角板凭目测画任意直线的平行线或垂直线。

4. 圆规与分规

圆规是用来画圆或圆弧的工具。圆规一般配有三种插腿：铅笔插腿、直线笔插腿、钢针插腿（代替分规用）。在圆规上接上延伸杆，可用来画半径更大的圆或圆弧。

使用圆规时应注意调整两条腿上的关节，使钢针和插腿均垂直于图纸面（图 1－9）。

分规是用来提取线段长度和等分线段的工具。张开两条腿提取线段长度后就可在有刻度的直尺上准确地读数，或者反过来在图纸上截取所需的长度。

9

土建工程制图

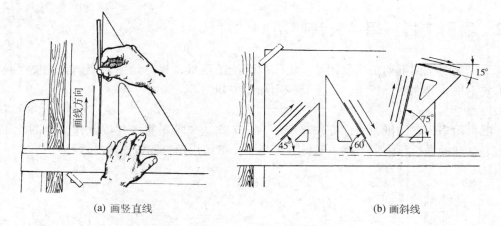

(a) 画竖直线   (b) 画斜线

图 1-7 将三角板与丁字尺配合使用

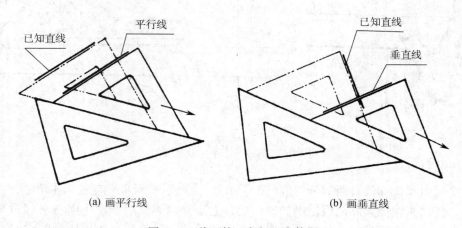

(a) 画平行线   (b) 画垂直线

图 1-8 将两块三角板配合使用

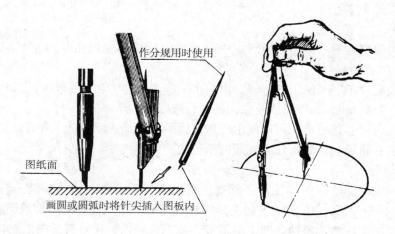

图 1-9 圆规及其用法

5. 铅笔

绘图常用的铅笔以 2B、B、HB、H、2H 这几种软硬度不同的型号为宜。前者的铅芯较软,后者的铅芯较硬。铅笔一般削成长圆锥形(图 1 – 10)。画粗实线宜用较软型号的铅笔,画细线及打图稿则宜用较硬型号的铅笔。

图 1 – 10 铅笔的削法

6. 针管绘图笔

针管绘图笔是上墨、描图专用的一种绘图笔,简称针管笔(图 1 – 11)。针管笔的笔尖是带有通针的不锈钢管,常用笔尖的直径为 0.2 ~ 1.6 mm。绘图时,选用笔尖粗度不同的针管笔就可画出不同线宽的墨线。把针管笔装在圆规专用的夹具上还可画出墨线圆或圆弧。针管笔需使用碳素墨水,长期不用时应把笔内的墨水冲洗干净,以防堵塞。

笔尖 笔项 笔身

图 1 – 11 针管绘图笔

用针管笔画图时,由于运笔时习惯上常把笔身向前进方向倾斜约 75°,于是圆柱形笔尖的端面总是以部分边缘与图纸面相接触,导致所画出的图线线型不整齐或者线宽达不到该笔尖所标定的宽度,笔尖的直径愈大这种现象愈明显。编者的实践经验是:若将笔尖端面相应地磨成与轴线倾斜成约 75°的斜面,再在笔项上做一个方向性的记号,即能很好地解决上述问题。

7. 曲线板

曲线板是用来描绘非圆曲线的工具。描绘前,先将已定出的非圆曲线上的点,用铅笔徒手轻轻地将各点依次勾勒出该曲线的形状,然后再根据该曲线的曲率变化趋势,选择曲线板上形状相同的曲线段,把所求的曲线分段描出。描绘时,每段至少应通过已定出的曲线上的 3 ~ 4 个点;描绘后一段曲线时,在曲线板上所选择的后一段"曲线"应有一部分与前一段曲线相互搭接,但所描墨线不要搭接重叠,刚好对接即可,以保证曲线光滑(图 1 – 12)。

8. 比例尺

为了便于绘制按比例缩小或放大的图样,事先在尺身上刻上某种比例刻度的直尺统称比例尺。其中刻在三棱柱三个棱面上的比例尺又统称三棱尺(图 1 – 13)。这种三棱尺上通常刻有 1:100、1:200、1:500 和 1:250、1:300、1:400 六种刻度。例如在 1:100 的比例尺上,把原来长度只有 10 mm 的地方标记为 1 m。即是说,该尺以 10 mm 之长代表了工程实

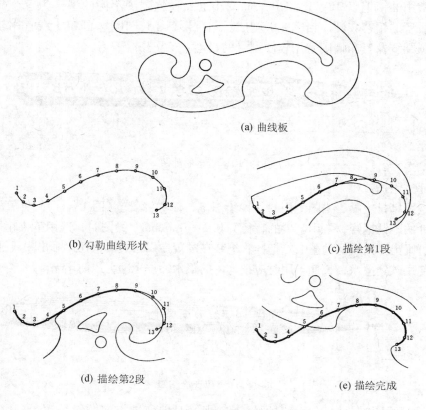

(a) 曲线板

(b) 勾勒曲线形状

(c) 描绘第1段

(d) 描绘第2段

(e) 描绘完成

图 1-12　曲线板的用法

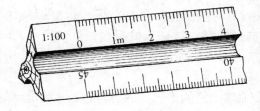

图 1-13　比例尺

物 1000 mm 之长，它们之间的比值为 10∶1000 = 1∶100，相差了 100 倍。也就是说，按 1∶100 的比例绘图时，图样上某直线的长度只有工程实物上相对应的直线长度的 1%。

1.3　几何作图

1.3.1　作圆内接正六边形

如图 1-14 所示，有两种作图方法。

（1）利用丁字尺配合三角板的60°角将圆周等分，作法见图1-14a。

（2）利用分规按圆的半径将圆周等分，作法见图1-14b。

最后依次连接各等分点，即得圆内接正六边形，如图1-14c所示。

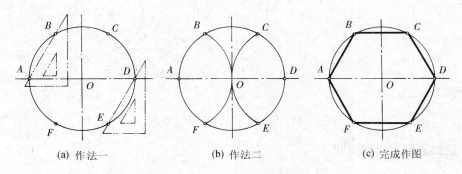

| (a) 作法一 | (b) 作法二 | (c) 完成作图 |

图1-14 作圆内接正六边形

1.3.2 已知长短轴作椭圆

1. 同心圆法作椭圆

如图1-15所示：①先根据已知椭圆的长短轴，画出两个同心圆（图1-15a）。②再通过圆心作一系列射线与两个圆同时相交（本图为将圆周作十二等分）；分别过两个同心圆上的等分点作竖直线和水平线，使它们两两相交得一系列的点，这些点即为所求椭圆上的点（图1-15b）。③最后用曲线板将这些点圆滑相连，即得所求的椭圆（图1-15c）。

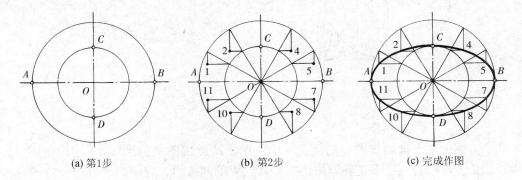

| (a) 第1步 | (b) 第2步 | (c) 完成作图 |

图1-15 用同心圆法作椭圆

2. 四心圆弧法作近似椭圆

如图1-16所示：①先画出相互垂直的长短轴 AB、CD；连接 AC，并取 $OE = OA$ 得点 E，再以 C 为圆心，CE 为半径画弧，交 AC 于 E_1（图1-16a）。②作 AE_1 的中垂线与长短轴相交分别得 O_1、O_2 及与之关于原点对称的 O_3、O_4 四个点（图1-16b）。③最后分别以 O_1、O_2、O_3、O_4 为圆心，通过长短轴的端点画弧，这四段圆弧相互连接即得近似椭圆（图1-16c）。

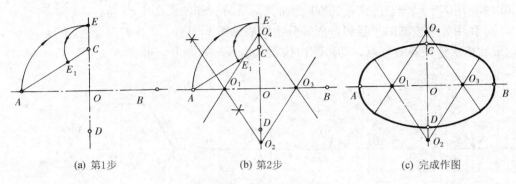

| (a) 第1步 | (b) 第2步 | (c) 完成作图 |

图 1－16　用四心圆弧法作近似椭圆

1.3.3　已知菱形作内切椭圆

　　画较大的椭圆时建议用图 1－17b 所示的方法作出。这个方法是基于图 1－17a 所示的几何关系而得来的。即除四个切点 1、4、7、10 外，菱形两个方向上的四等分线 *mq*、*nu*······分别与对应的割线 *bu*、*bq*······的交点 2、3······便是椭圆上的点。最后用曲线板依次将所求得的点圆滑相连即得所求。

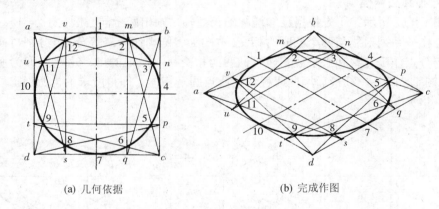

| (a) 几何依据 | (b) 完成作图 |

图 1－17　已知菱形作内切椭圆

　　这个方法适用于画轴测图中的椭圆，也适用于画透视图中的椭圆。但用于后者时，圆周外切正方形的透视已不是菱形而是"近大远小"的四边形，它的两个方向上的四等分线必须按透视作图的法则，即按过四边形两条对角线的交点再向两侧作透视线的方法作出，其余画法与上述相同。

1.4　徒手画图

　　徒手画图是一种不受场地限制、作图迅速而且能在一定程度上显示出工程技术人员训练水平的绘图方法。它常被应用于表达新的构思、草拟设计方案、现场参观记录以及创作交流等各个方面。因此，工程技术人员应熟练掌握徒手画图的技能。

　　徒手画图同样有一定的图面质量要求，即幅面布置、图样画法、图线、比例、尺寸标注等尽可能合理、正确、齐全，不得潦草。

徒手画图最好使用钢笔，初学者也可以使用铅笔。钢笔宜用美工笔，铅笔则以铅芯较软一些的为佳。

1. 直线的画法

如图 1-18 所示，徒手画图时执笔力求自然。运笔时，眼睛朝着前进的方向，不要死死地盯住笔尖。同时，手腕不要转动，而是整个手臂做运动。但在画短线时，只将手指及手腕做适当运动即可。每条图线都应一笔画成，对于超长的直线则宜分段画出。

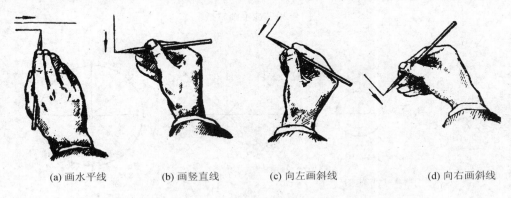

(a) 画水平线　　(b) 画竖直线　　(c) 向左画斜线　　(d) 向右画斜线

图 1-18　徒手画直线的手势

2. 等分线段

徒手等分直线段通常利用目测进行。若分为偶数等份（例如分为八等份），最好是依次作二等分，如图 1-19a 所示。若分为奇数等份（例如分为五等份），则可用目测先去掉一个等份，然后把剩余部分作四等分，如图 1-19b 所示。图线下方的数字表示等分时的顺序。

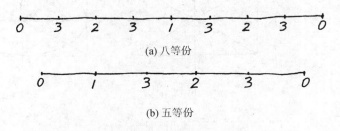

(a) 八等份

(b) 五等份

图 1-19　徒手等分直线段

3. 徒手画斜线

徒手画与水平直线成 30°、45°、60° 等特殊角度的斜线，可利用该角度的正切即对边与邻边的比例关系近似画出，如图 1-20a、b 所示。也可先画出 90° 角，以适当半径画出一段圆弧，将该圆弧作若干等分，通过这些等分点所作的射线，就是所求的相应角度的斜线，见图 1-20c。

4. 徒手画圆及椭圆

画直径较小的圆时，可在中心线上按圆的半径凭目测定出四个点之后徒手连接而成，如图 1-21a 所示。画直径较大的圆时，可通过圆心画几条不同方向的射线，同样凭目测按圆的半径在其上定出所需的点，再徒手把它们连接起来，如图 1-21b 所示。

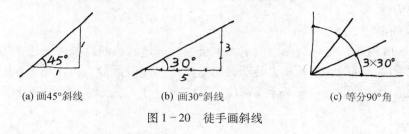

(a) 画45°斜线　　　　(b) 画30°斜线　　　　(c) 等分90°角

图 1-20　徒手画斜线

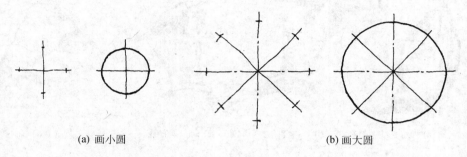

(a) 画小圆　　　　　　　　　(b) 画大圆

图 1-21　徒手画圆

画椭圆时尽可能准确地定出它的长、短轴，然后通过长、短轴的端点画出一个矩形，并画出该矩形的对角线，再在对角线上凭目测按椭圆曲线变化的趋势定出四个点，最后徒手把上述各点依次连接起来即得所求，如图 1-22 所示。

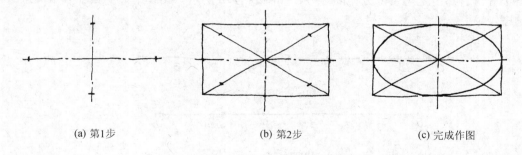

(a) 第1步　　　　　　　　(b) 第2步　　　　　　　　(c) 完成作图

图 1-22　徒手画椭圆

徒手画圆及椭圆时，要手眼并用，要特别注意图形的对称性和图线的整洁性。

第2章　投影作图概述

2.1　投影法及其分类

在现代工业中，一切工程图样的绘制和识读都是以投影法为依据的。

2.1.1　什么是投影法

投影法是指在一定的投射条件下，在承影平面上获得与空间几何元素一一对应的图形的过程。

如图2-1所示，过投射中心 S 分别作投射线 SA、SB 与承影平面 P 相交，于是得点 A、B 的图形"点 a"和"点 b"，用直线连接 a、b，则直线段 ab 就是空间直线段 AB 在承影平面 P 上与之相互对应的图形。

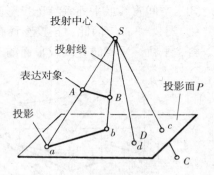

图2-1　投影法的基本概念

我们称这种获得图形的方法为投影法，称所获得的图形为投影，称获得投影的承影平面为投影面。

从图2-1可以看出，为了得到空间几何元素的投影，必须具备下列三个条件：

（1）投射中心和从投射中心发出的投射线；

（2）投影面——不通过投射中心的承影平面；

（3）表达对象——空间几何元素（其空间位置可在投影面的任一侧或投影面上）。

当投射条件确定后，表达对象在投影面上的投影必然是一个与之相互对应的唯一的图形。

2.1.2　投影法分类

1. 中心投影法

当投射中心 S 距投影面 P 为有限远时，所有投射线均自投射中心 S 发出，如图2-2所示，这种投影法称为中心投影法。用中心投影法所获得的投影称为中心投影（或透视投影）。由于中心投影法所有的投射线对投影面的投射方向与倾角是不一致的，因此所获得的投影其形状大小与表达对象本身有较大的变异，度量不便。

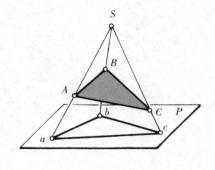

图2-2　中心投影法

2. 平行投影法

当投射中心 S 移向投影面 P 外无限远处时，所有投射线变成互相平行，如图 2-3、图 2-4 所示，在这种情况下的投影法称为平行投影法。其中，根据投射线的投射方向对投影面 P 垂直与否来区分，又可分为正投影法和斜投影法两种。

(1) 正投影法

当投射线的投射方向垂直于投影面 P 时的投影法称为正投影法，用这种方法获得的投影称为正投影，如图 2-3 所示。这是唯一的一种特殊情况。由于正投影法中所有的投射线对投影面 P 的倾角 θ 都是 90°，因此所获得的投影，其形状大小与表达对象本身在度量问题上存在着简单明确的几何关系：①当空间直线或平面倾斜于投影面 P 时，其投影为按一定的几何关系缩小了的类似形（图 2-3a）；②当空间直线或平面平行于投影面 P 时，其投影反映该直线或平面的实长或实形，便于按实际尺寸度量作图（图 2-3b）；③当空间直线或平面垂直于投影面 P 时，其投影被积聚成一点或一直线，使作图得以简化（图 2-3c）。因此，正投影具有较好的度量性，绘图工作相对简易。上述对投影面倾斜、平行、垂直时直线或平面的三种投影特性分别称之为类似性、现真性和积聚性。

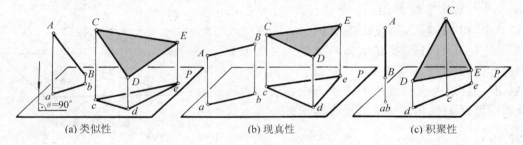

(a) 类似性　　　　　　　(b) 现真性　　　　　　　(c) 积聚性

图 2-3　正投影法及其投影特性

(2) 斜投影法

当投射线的投射方向倾斜于投影面 P 时的投影法称为斜投影法。用这种方法获得的投影称为斜投影。由于对投影面 P 倾斜的投射线可有无限多，因此绘图时必须先限定投射线对投影面 P 的投射方向和倾斜角度 θ，才能得到唯一的斜投影，如图 2-4 所示，该图设投射方向自东向西，$\theta = 70°$。运用斜投影法作图，在某种特定条件下，其投影也可能具有现真性和积聚性。

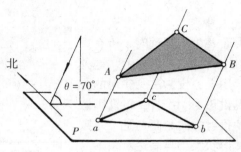

图 2-4　斜投影法

2.2 工程中常用的四种投影图

2.2.1 正投影图

正投影图是采用正投影法将空间几何元素或形体①分别投射到相互垂直的两个或两个以上的投影面上，然后按规定将所有投影面展开成一个平面，将所获得的正投影排列在一起，利用多面正投影相互补充来确切地、唯一地反映出表达对象的空间位置和形状的一种投影图。

图 2-5a 所示是将空间形体向 V、H、W 三个两两相互垂直的投影面作投影②时的情形；而图 2-5b 则是移去空间形体后，将投影面连同形体的投影一起展开成一个平面时的情况；再去掉投影面边框后便得到空间形体的三面正投影图(简称三面投影或三面图)，如图2-5c所示。

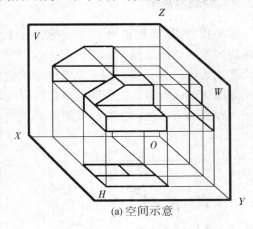

(a) 空间示意

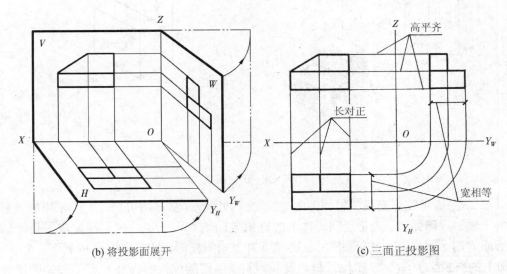

(b) 将投影面展开　　　　　　　　(c) 三面正投影图

图 2-5　形体的三面正投影图

为了表述方便，我们将上述 V、H、W 三个两两垂直的投影面所构成的空间称为三投影面体系，V 面为正立投影面，简称正面；H 面为水平投影面，简称水平面；W 面为

注：①占有长、宽、高三度空间并具有一定几何形状的立体，在本书中统称形体。
　　②不另加说明时，以后所有"投影"均指"正投影"。

侧立投影面,简称侧面。相应地,三面投影分别称之为 V 面投影(或正面投影)、H 面投影(或水平投影)、W 面投影(或侧面投影)。三投影面两两之间的交线称之为投影轴,相当于空间直角坐标轴(OX 轴、OY 轴和 OZ 轴)。如果在同一张图纸中将它们按图 2-5c 所示"高平齐、长对正、宽相等"的相互位置排列时,可以不标注各面投影的名称。

正投影图中的每一面投影都是只能分别反映空间形体某一面真实或类似形状的平面图形。

2.2.2　轴测投影图

轴测投影图(简称轴测图)是一种单面投影。它是采用平行投影法将空间几何元素或形体连同所选定的直角坐标轴一起,投射到单一的轴测投影面上,所获得的能反映该几何元素或形体在长、宽、高三度空间中的位置或形象的一种投影图。

如图 2-6a 所示,把空间形体连同所选定的直角坐标轴一起,将其位置摆放成倾斜于轴测投影面 P,这样在轴测投影面 P 上所获得的正投影,就是一种具有立体感的正轴测图(图 2-6b)。

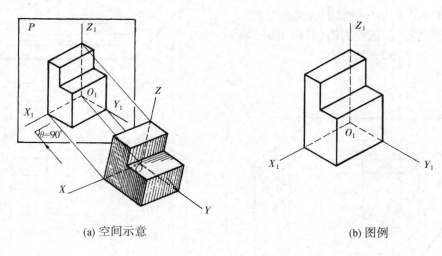

(a) 空间示意　　　　　　　　　　　　　　(b) 图例

图 2-6　正轴测图

图 2-7 所示则为形成斜轴测图的空间示意和图例。从该图可见,它所采用的投射线倾斜于轴测投影面 P。当把空间形体上的直角坐标轴 OX、OZ 的位置摆放成平行于轴测投影面 P 时,另一直角坐标轴 OY 就必然垂直于轴测投影面 P,在这种情况下,OY 轴在 P 面上的斜投影 O_1Y_1,其单位投影长度和倾斜角度将随该投射线对 P 面的倾斜角度和投射方向的不同而不同。但 OX 轴、OZ 轴在 P 面上的斜投影 O_1X_1、O_1Z_1 的单位投影长度保持不变,而且仍分别是水平的或竖直的。

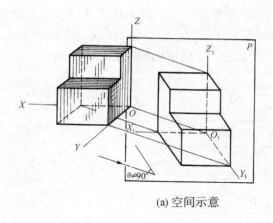
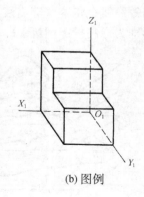

(a) 空间示意   (b) 图例

图2－7　斜轴测图

2.2.3　透视投影图

透视投影图(简称透视图)也是一种单面投影。它是采用中心投影法,将空间几何元素或形体连同所选定的直角坐标轴一起,摆放在适当的位置上之后,再投射到单一的透视投影面 P 上,所获得的能同时反映该几何元素或形体在长、宽、高三度空间中的位置或形象,且具有近大远小等视觉效果的一种投影图。

图2－8所示为形成形体透视图的空间示意和图例。从该图可见,空间形体在水平方向上原来互相平行的轮廓线,在透视图中分别变成相交于一点的线束,其图形的形象比较符合人眼的视觉印象。

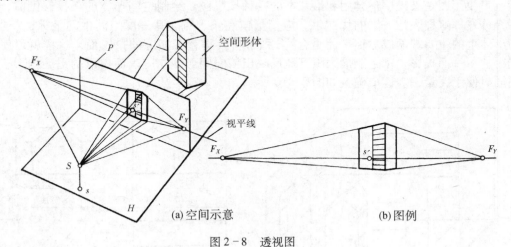

(a) 空间示意   (b) 图例

图2－8　透视图

2.2.4　标高投影图

标高投影图也是一种单面投影,它具有正投影的某些特征。它是采用在某一面投影的基础上,用数字或符号来标明空间某些点、线、面相对于所选定的基准平面的相对距离(高度)的方法而形成的。

例如要表达一处山地，作图时用间隔相等的多个不同高度的水平面截割山地表面，其交线为等高线；将这些等高线投射到水平投影面上，并标出各等高线的高度数值，所得的图形即为标高投影图（图2-9），它表达了该处山地的地形。

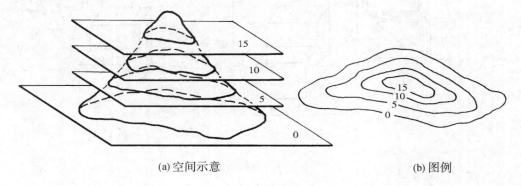

(a) 空间示意   (b) 图例

图2-9 标高投影图

在建筑工程中常用"标高"来表示建筑物各处不同的高度和用标高投影图来表示总平面图中的地形。

2.3 形体正投影图的绘制与识读入门

2.3.1 形体正投影图的绘制

正投影图是工程中最常用和最基本的一种投影图。绘制空间形体的正投影图时，为了充分发挥这种表达方法的优越性，应使形体在长、宽、高三度空间中的坐标面（通常与形体上的主要端面或对称平面重合）分别平行或垂直于相应的投影面，这样就可使所获得的每一面投影，都是能最大限度地反映出该空间形体相应表面实形的平面图形，使制图时便于度量，表达准确，如图2-10所示。

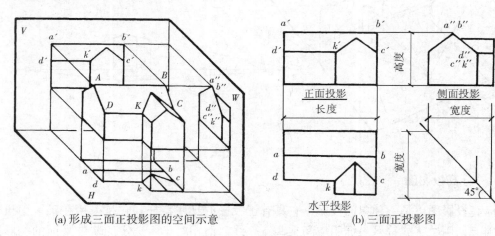

(a) 形成三面正投影图的空间示意   (b) 三面正投影图

图2-10 形体正投影图的绘制

　　绘制形体的三面正投影图，通常是从最能反映出该形体造型特征的那面投影画起。例如图2－10所示的形体，可看成是一栋由长方形的堂屋和侧屋两部分组成的"房屋"，画图时宜先画出反映该形体（房屋）长度和宽度的水平投影的外形轮廓（它们表达的是该房屋前、后、左、右分别被积聚为横线或竖线的外墙面，其中堂屋的平面形状为一个长方形）；其次是在水平投影的正上方分别画出该房屋左、右外墙面的正面投影（亦被积聚为竖线，线长未定）；第三是在适当位置上任作一条45°的辅助直线，并通过它按宽度相等的投影关系在适当的位置上画出反映山墙实形的侧面投影。于是就可在这个基础上再按高度平齐的投影关系，在正面投影中确定出左、右山墙的高度和进一步画出该房屋的屋脊线、地面线和屋檐线，以及返回来通过45°的辅助线画出水平投影中的堂屋的屋脊线。如此这般，最后再画出侧屋部分的投影，于是就可全部完成该形体（房屋）的三面正投影图（图2－10b）。（注：用作图方法寻求水平投影与侧面投影之间"宽相等"的投影关系时，可利用45°辅助直线通过作图来解决，而不必再像前面图2－5c那样画入投影轴和以原点 O 为中心的圆弧。）

　　在该图中，为了让初学者便于建立投影概念和易于掌握表达对象与每一面投影之间，以及每一面投影与另一面投影之间的一一对应关系，按习惯规定在图中用大写字母如 A、B、C……标记出表达对象上若干个特殊的点；并相应地用小写字母如 a、b、c……，用小写字母加一撇如 a'、b'、c'……，用小写字母加两撇如 a''、b''、c''……，分别表示这些点的水平投影、正面投影和侧面投影。这样对学习投影图的绘制和识读都可带来一定的方便。

2.3.2　直线、平面的投影特性分析

　　图2－10所示的形体，既可以看成是由若干平面所围成的，也可以理解为是由若干直线所确定的。从这里得到启示：如果我们先普遍地掌握和理解了各种不同位置的直线和平面的投影规律及其特性，那么，要进一步深入地解决形体投影图的绘制与识读问题，就会容易多了。

　　1. 直线的投影

　　根据空间直线与投影面相对位置的不同，可把它分为三大类：

　　（1）投影面垂直线。

　　对一个投影面垂直（即同时对其他两个投影面平行）的直线，称为投影面垂直线。其中垂直于正立投影面 V 的直线，称为正垂线；垂直于水平投影面 H 的直线，称为铅垂线；垂直于侧立投影面 W 的直线，称为侧垂线。表2－1分别列出了正垂线、铅垂线、侧垂线的投影及其投影特性。

　　（2）投影面平行线。

　　仅对一个投影面平行，而对其他两个投影面倾斜的直线，称为投影面平行线。其中平行于正立投影面 V 的直线，称为正平线；平行于水平投影面 H 的直线，称为水平线；平行于侧立投影面 W 的直线，称为侧平线。表2－2分别列出了正平线、水平线、侧平线的投影及其投影特性。

表2-1 投影面垂直线的投影及其投影特性

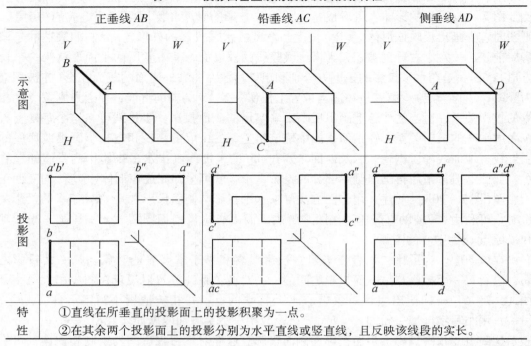

	正垂线 AB	铅垂线 AC	侧垂线 AD
示意图			
投影图			

特性
①直线在所垂直的投影面上的投影积聚为一点。
②在其余两个投影面上的投影分别为水平直线或竖直线，且反映该线段的实长。

表2-2 投影面平行线的投影及其投影特性

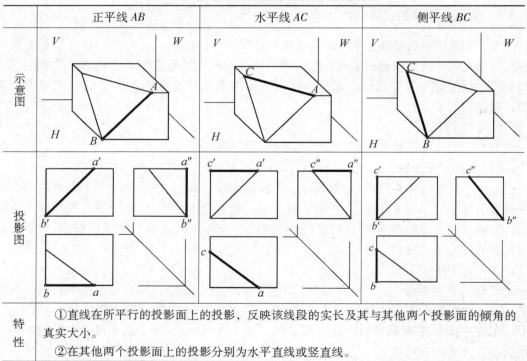

	正平线 AB	水平线 AC	侧平线 BC
示意图			
投影图			

特性
①直线在所平行的投影面上的投影，反映该线段的实长及其与其他两个投影面的倾角的真实大小。
②在其他两个投影面上的投影分别为水平直线或竖直线。

（3）一般位置直线。

对三个投影面都倾斜的直线，称为一般位置直线，简称一般线。图2-11中的直线 *AB* 即为一般线。

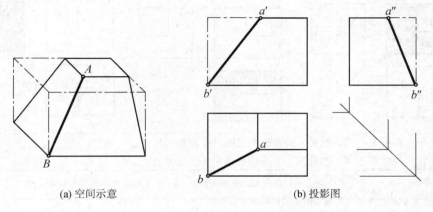

(a) 空间示意　　　　　　　　　　　　(b) 投影图

图2-11　一般线的投影及其投影特性

一般线的投影特性为：

① 一般线的三面投影都是倾斜的线段，且均小于实长。

② 一般线的三面投影均不能直接反映该直线对任一投影面的倾角的真实大小。

因此说，一般线的度量性是比较差的。

2. 平面的投影

根据空间平面与投影面相对位置的不同，也可以把它分为三大类：

（1）投影面平行面。

对一个投影面平行（即同时对其他两个投影面垂直）的平面，称为投影面平行面。其中平行于正立投影面 *V* 的平面，称为正平面；平行于水平投影面 *H* 的平面，称为水平面；平行于侧立投影面 *W* 的平面，称为侧平面。表2-3分别列出了正平面、水平面、侧平面的投影及其投影特性。

表2-3　投影面平行面的投影及其投影特性

	正平面 *P*	水平面 *Q*	侧平面 *R*
示意图	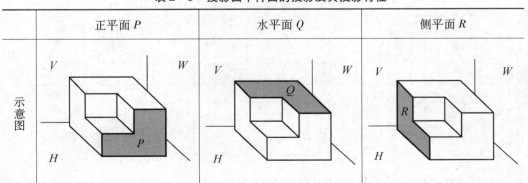		

25

土建工程制图

	正平面 P	水平面 Q	侧平面 R
投影图	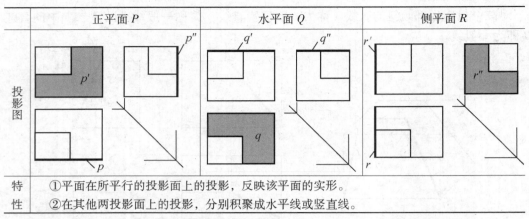		
特性	①平面在所平行的投影面上的投影，反映该平面的实形。②在其他两投影面上的投影，分别积聚成水平线或竖直线。		

注：对平面的标记，按习惯规定也是分别用大写字母例如 P、Q、R 和相应的小写字母例如 p、q、r、p′、q′、r′、p″、q″、r″表示它们的空间状况和在三面正投影图中的位置。

（2）投影面垂直面。

仅对一个投影面垂直，而同时倾斜于其他两个投影面的平面，称为投影面垂直面。其中仅垂直于正立投影面 V 的平面，称为正垂面；仅垂直于水平投影面 H 的平面，称为铅垂面；仅垂直于侧立投影面 W 的平面，称为侧垂面。表2-4 分别列出了正垂面、铅垂面、侧垂面的投影及其投影特性。

表2-4　投影面垂直面的投影及其投影特性

	正垂面 P	铅垂面 Q	侧垂面 R
示意图			
投影图			
特性	①平面在所垂直的投影面上的投影积聚成一条倾斜线段，且反映该平面对其他两个投影面的倾角的真实大小。②在其他两个投影面上的投影，分别是面积缩小了的类似形。		

26

（3）一般位置平面。

对三个投影面都倾斜的平面，称为一般位置平面，简称一般面。图 2 - 12 中的平面 *P*、*Q* 即为一般面。

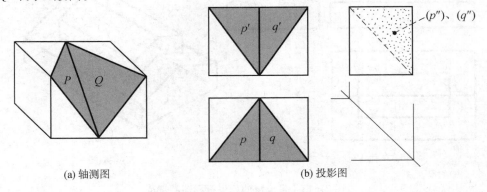

(a) 轴测图　　　　　　　　　　　(b) 投影图

图 2 - 12　一般面投影及其投影特性

一般面的投影特性为：

①一般面的三面投影，均为比原形面积缩小了的类似形（图中加括号表示的 *p*″、*q*″，意为该投影在图中为不可见。下同）。

②一般面的三面投影，均不能直接反映该平面对任一投影的倾角。度量性不好。

因此，当对含有一般面的形体进行投影作图时，对所含的一般面通常总是把它放到最后才利用投影对应关系求出。

通过上述的线、面投影分析，还可得到启示：若用特定的名称表述形体表面上的直线或平面并熟悉其含义，对形象地说明它们在所处空间的状况和对识读形体的正投影图大有帮助。

2.3.3　形体正投影图的识读

例 2 - 1　试识读图 2 - 13a 所示厂房的三面正投影图。

分析： 该厂房可看成是一座长方形的建筑，其屋顶被做成两坡顶并设有采光和通风用的天窗。

识读： 从该图的水平投影可以看出，该厂房及其天窗的平面形状均为矩形；结合侧面投影可进一步得知该厂房及其天窗的屋面均为侧垂面（垂直于侧立投影面的双坡顶屋面）；再根据"长对正、高平齐、宽相等"的投影对应关系，还可以判断出该厂房及其天窗的檐口在正面投影中的位置，以及天窗的侧面与厂房坡屋顶之间的交线 *A—B—C—D—E—F—A* 在三面投影中的位置。其中，由投影 *ab*、*a′b′*、*a″*（*b″*）和 *de*、*d′e′*、*e″*（*d″*）所确定的空间直线 *AB*、*DE* 是侧垂线（参阅图 2 - 13b）；此外，由投影 *af*、*a′f′*、*a″f″* 和 *bc*、*b′c′*、（*b″*）（*c″*）等所确定的空间直线 *AF*、*BC*……则为侧平线。

例 2 - 2　试识读图 2 - 14 所示的沙发的三面正投影图。

分析： 沙发一般由坐垫、靠背、扶手等部分组成。图中分别用大写字母 *P*、*Q*、*R* 标明沙发上三个表面的空间状况和名称（图 2 - 14b），同时分别用相应的小写字母标明这三个表面在各面投影中的位置（图 2 - 14a）。

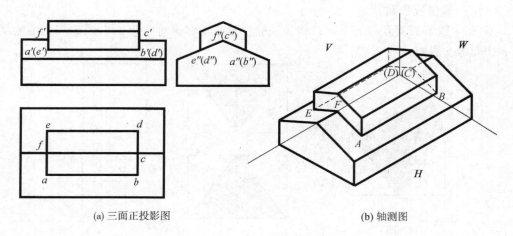

(a) 三面正投影图   (b) 轴测图

图 2 – 13   带天窗的厂房投影图的识读

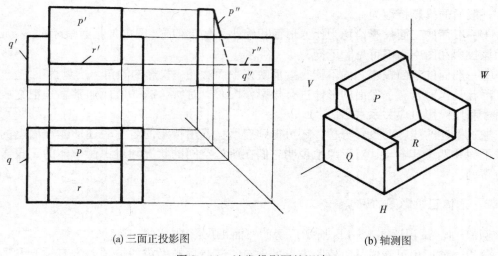

(a) 三面正投影图   (b) 轴测图

图 2 – 14   沙发投影图的识读

识读：从图 2 – 14a 的正面投影中指出一个矩形线框 p'，按"高平齐"的投影对应关系在侧面投影中发现只有一条斜线 p'' 与之相对应。于是可知，由 p' 和 p'' 所确定的平面是一个侧垂面（垂直于侧立投影面 W 的平面），也就是说，这个表面（靠背）是同时倾斜于正立投影面 V 和水平投影面 H 的。如果再按"长对正"和"宽相等"的投影对应关系，还可在水平投影中找出与之对应的矩形线框 p。显然，线框 p 和 p' 都是一个比（靠背）原形缩小了的类似形。

同理，也可分析出 Q、R 两个表面的空间状况和在三面正投影图中的投影对应关系。它们分别是平行于 W 面、H 面的矩形平面（侧平面和水平面）；其侧面投影中的矩形线框 q'' 和水平投影中的矩形线框 r，分别反映了沙发扶手侧面 Q 和坐垫表面 R 的实形。Q 和 R 两个表面在其他两个投影面上的投影，分别被积聚成竖直线段或水平线段。

第3章 基本体的投影

3.1 平面体的投影

占有长、宽、高三度空间有限部分的简单几何体通称基本体。其中，由平面围成的称为平面体。常见的平面体如图3-1所示。

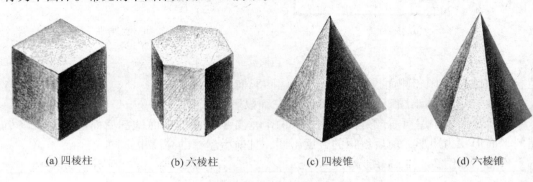

(a) 四棱柱　　　　　(b) 六棱柱　　　　　(c) 四棱锥　　　　　(d) 六棱锥

图3-1　常见的平面体

3.1.1　棱柱

1. 棱柱的几何特征

完整的棱柱由一对形状大小相同、相互平行的多边形底面和若干平行四边形侧面（也称棱面）所围成。它所有的棱线均相互平行。当棱柱底面为正多边形且棱线均垂直于底面时称为正棱柱，简称棱柱（图3-1a、b）。

2. 棱柱的投影特性

在图3-2a的图示情况下，六棱柱的上、下底面均为水平面，其上、下底面的水平投影相重合且反映实形，其正面投影和侧面投影则分别积聚成一条水平线段。

六棱柱的前、后两棱面均为正平面，它们的正面投影相重合且反映实形，水平投影和侧面投影分别积聚成平行于 OX 轴或 OZ 轴的直线段，即分别为水平线段或竖直线段。

六棱柱左边的两个棱面和右边的两个棱面均为铅垂面，其水平投影均积聚为倾斜于 OX 轴的直线段，其正面投影和侧面投影均为类似的矩形，不反映实形。

3. 棱柱的投影画法

先画出反映棱柱特征的正六边形底面的水平投影，然后再按投影关系及棱柱的高度画出其余两面投影，如图3-2b所示。

画棱柱及各种基本体的投影图时，一般不再画投影轴，各面投影之间的间隔可任意选定，但各面投影之间仍必须保持投影关系，其投影规律可表述为"长对正、高平齐、

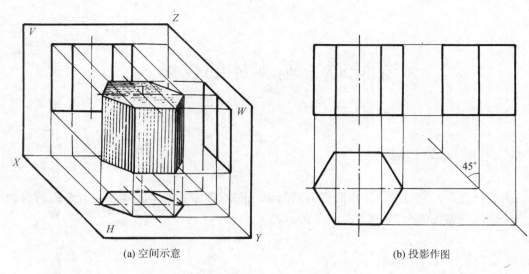

(a) 空间示意　　　　　　　　　　　　(b) 投影作图

图3－2　六棱柱的投影

宽相等"（水平投影和侧面投影之间一般利用45°辅助线互相联系）。

　　例3－1　试画出图3－3a所示小屋的三面投影。

　　分析：图示小屋可看成是由四棱柱被两个垂直于侧面的平面截割后而形成的。该小屋的平面形状为矩形，前后坡顶的坡度不同，且前后屋檐的高度也不同。

　　作图：如图3－3b、c所示。

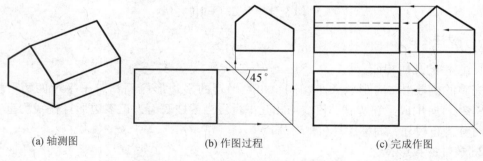

(a) 轴测图　　　　　　　(b) 作图过程　　　　　　(c) 完成作图

图3－3　小屋的三面投影和画图步骤

　　画图的步骤是：首先画水平投影中的矩形，其次画侧面投影，定出前后屋檐及屋脊的位置后，再画正面投影和完成水平投影。

3.1.2　棱锥

　　1. 棱锥的几何特征

　　完整的棱锥由一多边形底面和若干具有公共顶点的三角形棱面所围成。它的棱线均通过锥顶。当棱锥底面为正多边形，其锥顶又处在通过该正多边形外接圆中心的垂直线上时，这种棱锥称为正棱锥（简称棱锥）。

　　2. 棱锥的投影特性及画法

　　在图3－4a的图示情况下，由于三棱锥的底面平行于H面，所以该底面的水平投影

abc 反映实形，该底面的正面和侧面投影均积聚为水平线段；棱锥的后棱面 SAC 为侧垂面，它的侧面投影积聚为一段斜线，正面投影和水平投影是类似的三角形；棱锥左、右两个棱面都是一般位置平面，它们的三个投影仍是类似的三角形，其中侧面投影 $s''a''b''$ 与 $s''b''c''$ 重合。各个棱面的所有投影都不反映实形(图 3-4b)。

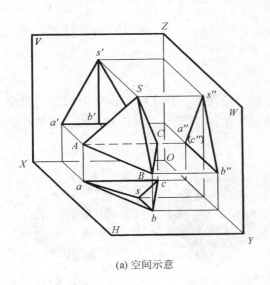

(a) 空间示意

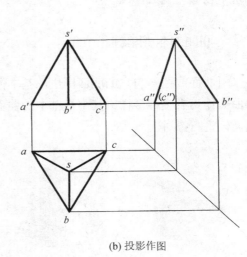

(b) 投影作图

图 3-4 三棱锥的投影

例3-2 设有一台基(四棱台)如图 3-5a 所示，试画出它的三面投影。

分析：棱台是指棱锥被平行于其底面的平面截去锥顶后的剩余部分。因此，画棱台的投影宜先按完整的棱锥作图，然后再画出上底面的投影。

作图：如图 3-5b 所示。

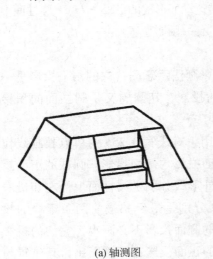

(a) 轴测图

(b) 投影作图

图 3-5 台基的三面投影

（1）先画出一对中心线的水平投影和轴线的正面投影、侧面投影。

（2）然后画出下底矩形的水平投影、正面投影和侧面投影，再在轴线上定出锥顶的位置，画出完整棱锥的三面投影。

（3）最后根据台基的高度画出上底的正面投影和侧面投影，并按投影关系求出上底的水平投影，完成作图。

3.2 曲面体的投影

由曲面或曲面与它的底面围成的基本体，称为曲面体。在实际工程中应用到的曲面和曲面体可有多种多样，其中最基本的曲面体如图3-6所示。下面仅对这四种最基本的曲面体进行探讨。

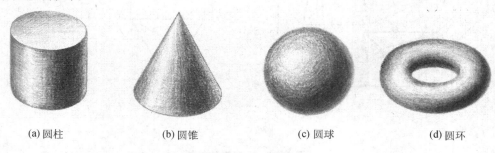

(a) 圆柱 　　　　(b) 圆锥 　　　　(c) 圆球 　　　　(d) 圆环

图3-6　最基本的曲面体

3.2.1 圆柱

1. 圆柱的几何特征

完整的圆柱由圆柱面和一对相互平行的上、下底面所围成。为了便于理解，圆柱面可看成是由一条直母线 MN，绕着与其平行的轴线 OO_1 作回转运动而形成的（图3-7a）。圆柱面上任一条平行于轴线的直线通称圆柱面的素线，它是母线的任一瞬时位置。

2. 圆柱的投影特性和画法

图3-7b所示为轴线垂直于 H 面的圆柱的三面投影画法示意图。它的水平投影是一个圆形，这个圆形既是圆柱上、下底面重合在一起的投影，其圆周又是圆柱面的积聚投影。

图3-7c所示是圆柱的投影画法。画图时规定要用一对线宽 $0.25b$ 的单点长画线作为圆周的中心线，和用单点长画线表示圆柱轴线的正面投影与侧面投影。圆柱的正面投影和侧面投影都是矩形。但在正面投影中，左、右两外形线分别是圆柱面上最左和最右两条素线的投影；在侧面投影中，左、右两外形线则分别是最后和最前两条素线的投影。由于圆柱面是光滑的，所以上述最左和最右素线的侧面投影不必画出，它们的投影位置与圆柱轴线的投影重合；同理，最后和最前素线的正面投影也不必画出，其位置与轴线的投影重合。

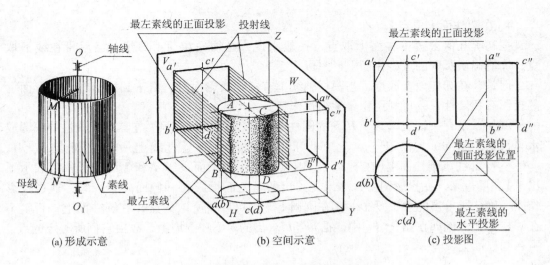

(a) 形成示意   (b) 空间示意   (c) 投影图

图 3-7 圆柱面的形成及圆柱的三面投影

3. 圆柱截线

实际工程中的圆柱往往不是完整的，表 3-1 所示为圆柱被截平面 P[①] 截断后所得的三种截断面形状。其中，截平面 P 与圆柱面的截交线（统称圆柱截线）分别是：圆、椭圆、平行两直线。

表 3-1 圆柱截线

截平面位置	垂直于圆柱轴线	倾斜于圆柱轴线	平行于圆柱轴线
截交线	圆	椭圆	平行两直线
轴测图			
投影图			

注：①空间平面也可以用它与投影面的交线——迹线来表示。其方法是用细实线表示平面的迹线，用大写字母加脚注表示平面的名称和与它相交的投影面。例如，P_H 表示平面 P 与投影面 H 相交的迹线；同理，P_V 表示平面 P 与投影面 V 相交的迹线。特殊位置平面（投影面垂直面和投影面平行面）的积聚投影与同面迹线重合，因此也可认为该特殊位置平面的迹线有积聚性。在三投影面体系中，通常采用一条有积聚性的迹线来确定该特殊位置平面的位置。

4. 在圆柱面上取点

据初等几何公理：在面上取点，一般来说，必须先在面上取线，然后再在线上取点，才能确认所取的点必在面上，完成作图。

但是，在圆柱面上取点，当圆柱轴线垂直于某投影面时，由于圆柱面在该投影面上的投影有积聚性，故可利用积聚性简化作图。

例如，设有一轴线垂直于 H 面的圆柱面（图 3-8a、b），只要在其有积聚性的底圆或水平投影（圆周）上任取一点 a，即可认定过点 a 的竖直线上所有空间点 A、A_1、$A_2 \cdots \cdots A_n$ 都在该圆柱面上（在图 3-8b 中只把点 A 的正面投影 a' 和侧面投影 (a'') 表示了出来）。反过来，在投影图中，如果先给出的是正面投影 a' 和侧面投影 (a'')，通过投影作图，确认所求出的水平投影 a 落在圆周上，即可以说所取的点 A 在圆柱面上，否则不在圆柱面上。例如在图 3-8c 中，据 b'、b'' 求出的 b 不在圆周上，故由它们所确定的点 B 不在圆柱面上。

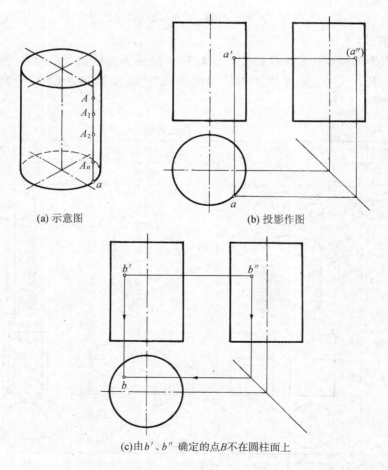

(a) 示意图　　　　　　　(b) 投影作图

(c) 由 b'、b'' 确定的点 B 不在圆柱面上

图 3-8　在圆柱面上取点

例 3-3 已知轴线垂直于 H 面的圆柱被倾斜于轴线的正垂面 P 截断(图 3-9a),试求作被截断后的圆柱的三面投影。

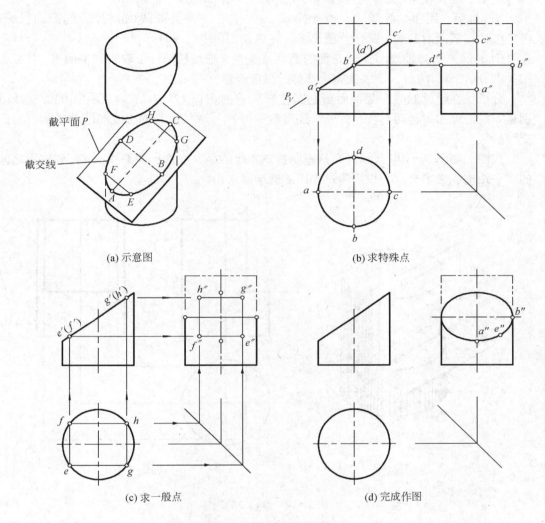

(a) 示意图　　　　　　　(b) 求特殊点

(c) 求一般点　　　　　　(d) 完成作图

图 3-9　带斜截面的圆柱

分析:据表 3-1 可知,在这种情况下的截交线为椭圆。该椭圆的正面投影重合在有积聚性的迹线 P_V 上;它的水平投影重合在圆柱面的积聚投影——圆周上。这里作图的关键是如何作出椭圆的侧面投影。

作图:

(1)求特殊点。由正面投影可知:椭圆的最左和最右点(也分别是最低和最高点)A、C 分别位于圆柱面的最左和最右素线上,其正面投影为 a'、c',据此便可求出侧面投影 a''、c'';椭圆的最前和最后点 B、D 分别位于圆柱面的最前和最后素线上,其正面投影为 b'、(d'),据此便可求出侧面投影 b''、d''(图 3-9b)。

(2)求一般点。上述特殊点只控制着截交线(椭圆长短轴)的大小,为了作图更准确,可再求出截交线上若干个一般位置的点。此时尽可能利用投影的积聚性求解。本例先在水平投影中有选择地取 e、f、g、h 四个点，相应地求出它们的正面投影 e'、(f')、g'、(h') 之后，据此便可求出侧面投影 e''、f''、g''、h''，如图 3-9c 所示。

（3）最后，用曲线板依次光滑连接 a''、e''、b''……即得椭圆（截交线）的侧面投影；再把圆柱被截断后的剩余部分绘画出来，完成作图（图 3-9d）。

例 3-4　已知轴线垂直于 H 面的圆柱被垂直于轴线和平行于轴线的平面 R、P 截去了一部分（图 3-10a），试求作剩余部分的三面投影。

分析：在题设的两个截平面截割圆柱所形成的切口上，R、P 与圆柱面的截交线分别是一段圆弧和平行两直线；此外，还有截平面 P 与圆柱上底的交线和两截平面自身的交线。

作图：如图 3-10b 所示。在这里要特别指出的是，在侧面投影中，$a''b''$ 到轴线之间的水平距离，必须自水平投影通过作图才能准确求出。

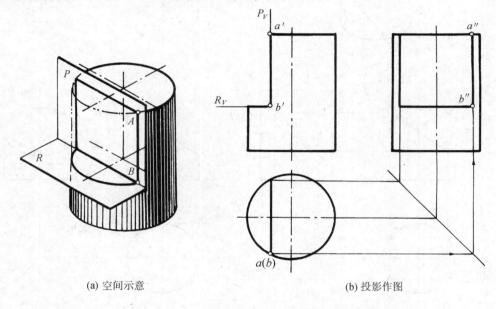

(a) 空间示意　　　　　　　　　　(b) 投影作图

图 3-10　带切口的圆柱

3.2.2　圆锥

1. 圆锥的几何特征

完整的圆锥由圆锥面和一个底面所围成。其中圆锥面可以看成是由一条直母线 SM 绕着与它相交的轴线 SO 作回转运动而形成的（图 3-11a）。圆锥面上过锥顶 S 的任一条直线通称圆锥面的素线，它是母线的任一瞬时位置；母线上任一点的回转运动轨迹为圆，通称纬圆。由纬圆确定的平面必垂直于轴线（平行于圆锥底面），如图 3-11c 所示。图 3-11d 则为圆锥面上的素线与纬圆的三面投影。

2. 圆锥的投影特性和画法

图 3-11b 所示为轴线垂直于 H 面的圆锥的三面投影画法。它的水平投影是一个圆

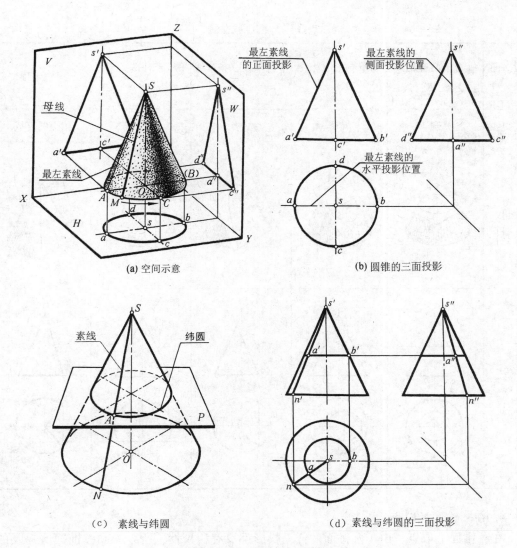

（a）空间示意　　　　　　　　　　　（b）圆锥的三面投影

（c）素线与纬圆　　　　　　　（d）素线与纬圆的三面投影

图 3-11 圆锥面的形成、圆锥的三面投影及其素线与纬圆

形，这个圆形既是圆锥底面的投影，又是没有积聚性的圆锥面的投影，圆锥顶点 S 的投影重合在这个圆形的一对中心线的交点上。

圆锥的正面投影和侧面投影都是等腰三角形。但在正面投影中，两腰 s'a'、s'b' 分别是圆锥面最左和最右素线的投影；这两条素线的水平投影 sa、sb 与圆形的水平中心线重合，侧面投影 s"a"、s"b" 与圆锥轴线的侧面投影重合，其投影不必画出。

同理，在侧面投影中，三角形的两腰 s"c"、s"d" 分别是圆锥面最前和最后两条素线的投影。

3. 圆锥截线

表 3-2 所示为圆锥被截平面 P 截断后所得的五种截断面形状。其中，截平面 P 与圆锥面的截交线（统称圆锥截线）分别是：圆、椭圆、抛物线、双曲线和相交两直线。

表3-2　圆锥截交线

截平面 位　置	垂直于圆锥轴线 $\theta = 90°$	与所有素线相交 $\theta > \alpha$	平行于任一条素线 $\theta = \alpha$	平行于任两条素线 $\theta < \alpha$	通过锥顶
截交线	圆	椭圆	抛物线	双曲线	相交两直线
轴测图					
投影图					

4. 在圆锥面上取点

在圆锥面上取点，由于圆锥面的任一投影都没有积聚性，所以必须按前面所提及的初等几何公理，先在面上取线，然后再在线上取点，才能确认所取的点必在面上，完成作图。

在圆锥面上取点的方法有辅助素线法和辅助纬圆法两种。

（1）辅助素线法。

如图3-12a、b所示，已知圆锥面上的点 M 的正面投影 m'，试求取点 M 的其余两面投影。其作法如下。

先过锥顶 S 引一辅助素线 SM 与圆锥底圆相交于点 A，即利用素线 SM 把点 M 的位置确定在圆锥面上（图3-12a）。在投影图中作图时（图3-12b），按题意，先过正面投影 s' 作 $s'm'$ 与底边相交于 a'，求出其水平投影 sa；于是便可在 sa 上定出点 M 的水平投影 m，从而根据 m、m' 再求出其侧面投影 m''。

（2）辅助纬圆法。

根据圆锥面形成的几何特征，也可以过已知点 M 在圆锥面上作一个辅助纬圆，即先

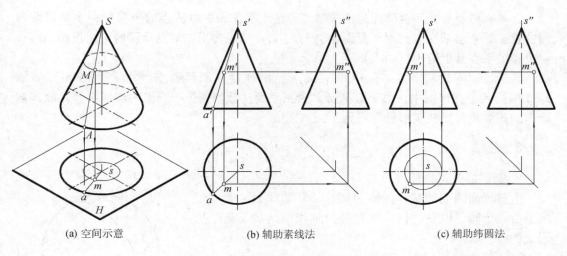

(a) 空间示意　　　　(b) 辅助素线法　　　　(c) 辅助纬圆法

图3－12 在圆锥面上取点

把点 M 的位置确定在圆锥面上（图3－12a）。在投影图中作图时（图3－12c），按题意，先过点 M 的正面投影 m' 作一水平直线与三角形的两腰相交，这两个交点之间的直线长度即为辅助纬圆的直径；据此画出辅助纬圆的水平投影，便可在其上定出点 M 的水平投影 m，从而求出其侧面投影 m''。

例3－5 已知轴线垂直于 H 面的圆锥被一正平面 P 所截（图3－13a），试完成其被截割后的三面投影。

分析：据表3－2可知，在题设的情况下，其截断面为由双曲线和直线围成的平面，该平面的水平投影和侧面投影均分别被积聚为直线。本例仅须求作其正面投影。

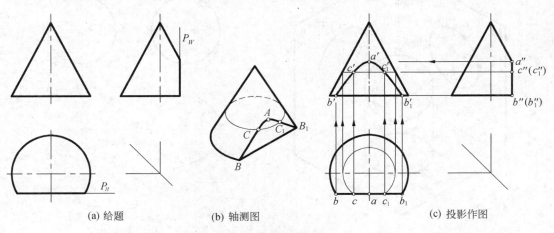

(a) 给题　　　　(b) 轴测图　　　　(c) 投影作图

图3－13 圆锥的截割

作图：

①求特殊点。由侧面投影可知，截交线最高点 A 的投影 a'' 位于圆锥面最前素线的侧面投影上，故根据 a'' 可求出 a' 及 a。又由侧面投影并参照图3－13b可知，B、B_1 是截交线与圆锥底圆的交点，为最低点（也分别是最左、最右点），其水平投影为 b、b_1，侧面投影为 b''、(b''_1)，据此可求出 b'、b'_1。

②求一般点。现用辅助纬圆法求解。先在水平投影中以适当的半径作一水平辅助纬圆的投影，它与截交线的水平投影相交于 c、c_1，然后作出该辅助纬圆的正面投影，再根据投影关系在其上定出 c'、c'_1。

③最后，依次将 b'、c'、a'、c'_1、b'_1 光滑连接，即得截交线的正面投影，如图 3-13c 所示。在该图中，由于截平面 P 为正平面且截割处位于圆锥的前半部分，故其截断面的正面投影反映实形且为可见。

3.2.3 圆球

1. 圆球的几何特征

由圆球面围成的基本体称为圆球。其圆球面可看成是由一个圆周以它的任一条直径为轴作回转运动而形成的(图3-14)。

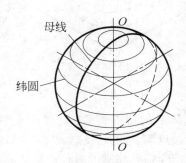

图3-14 圆球面的形成

2. 圆球的投影特性和画法

在三面投影中，圆球的三面投影都是直径相等的圆形。其正面投影是球面上最大正平圆 A 的投影，其水平投影和侧面投影则分别是球面上最大水平圆 B、最大侧平圆 C 的投影。在这里应特别注意的是：这三个圆的圆心是同一点(球心)的三面投影(图3-15)，但这三个圆并不是圆球面上同一个圆周的三面投影。

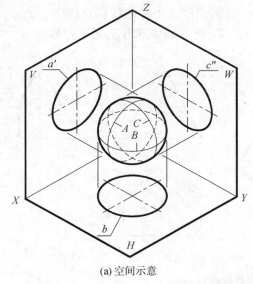

(a) 空间示意

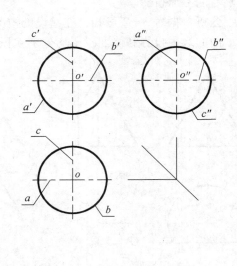

(b) 投影作图

图3-15 圆球的投影特性和画法

3. 圆球截线

圆球被任意方向的平面截割，其截交线在空间都是圆。当截平面为投影面平行面时，其截交线在它所平行的投影面上的投影为圆，其余两面投影均重合为直线，该直线的长度等于该圆的直径，该圆的大小与截平面至球心的距离 h 有关，如图3-16所示。

当截平面倾斜于投影面时，其截交线在所倾斜的投影面上的投影为椭圆。

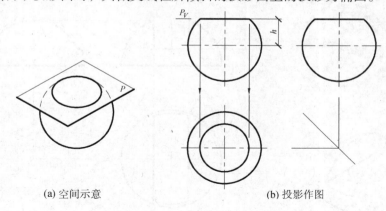

(a) 空间示意　　　　　　　　　　(b) 投影作图

图 3-16　圆球被水平面截割

4. 在圆球面上取点

在圆球面上取点的简便方法，是先在圆球面上取辅助纬圆，然后再在辅助纬圆上取点。由于过球心的任意直线都可作为圆球面的轴线，所以可认为圆球面上任何平行于投影面的圆均是纬圆。

图 3-17 所示为已知球面上的点 M、N 的正面投影 m'、n'，求取它们其余两个投影的例。具体作图请读者自行分析。

例 3-6　已知半圆球上部被 P、Q、S 三个平面截出一个方槽（图 3-18a），试完成它的三面投影。

分析：据题设，P 和 Q 均为侧平面，且左右对称分布；S 为水平面。三个截平面与圆球面的截交线都是圆的一部分。

作图：如图 3-18b 所示。

①首先根据平面 P、Q、S 所处的相对位置画出表示槽宽和槽深的正面投影。

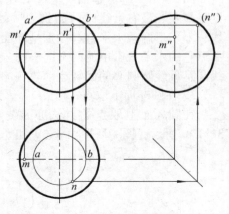

图 3-17　用纬圆法在圆球面上取点

②据正面投影中由 S_V 与半圆相交所截得的交线的一半作为半径（$o'a'=oa$），在水平投影中画圆弧。于是由 P_H、Q_H 及它们之间的两段圆弧所组成的图形即为方槽的水平投影。

③再据正面投影中由 P_V（或 Q_V）与半圆相交所截得的交线作为半径，在侧面投影中以球心为圆心画圆弧，该圆弧与槽底的侧面投影（两端外露部分为可见，应画成实线）所组成的图形即为方槽的侧面投影。

3.2.4　圆环

1. 圆环的几何特征

由圆环面围成的基本体称为圆环。其圆环面可看成是由一个圆以与它共面但不过圆心的直线为轴作回转运动而形成的（图 3-19a）。

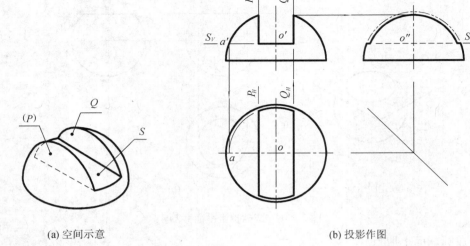

(a) 空间示意　　　　　　　　　　　　(b) 投影作图

图 3－18　开槽半圆球的投影

2. 圆环的投影特性和画法

图 3－19b 所示是轴线垂直于 H 面的圆环的两面投影。它的正面投影中的两个圆分别是最左、最右素线(圆)的投影，因内环面为不可见，故将内环面上的半个圆画成虚线；上、下两条水平直线分别是环面上最高、最低圆的投影。

它的水平投影中的两个同心圆分别是环面上最大水平圆和最小水平圆的投影；点画线圆是母线圆圆心的回转运动轨迹的投影。

3. 在圆环面上取点

在圆环面上取点的方法亦是先在圆环面上取纬圆，然后再在纬圆上取点。如图 3－19b 所示，图中所取由 a、a' 和 b、b' 确定的点 A、B 必在圆环面上。

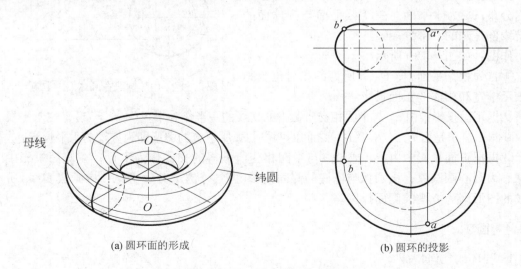

母线　　　　纬圆

(a) 圆环面的形成　　　　　　　　　　(b) 圆环的投影

图 3－19　圆环面的形成和圆环的投影

3.3 两基本体相交

两基本体相交又称相贯，它们表面之间的交线通称相贯线。两基本体相交可有全贯和互贯两种情况。

3.3.1 两平面体相交

两平面体相交的的相贯线通常是一条或两条封闭的空间折线。

图3-20所示是一个侧垂三棱柱与一个铅垂三棱柱互贯，求作它们的相贯线的例子。

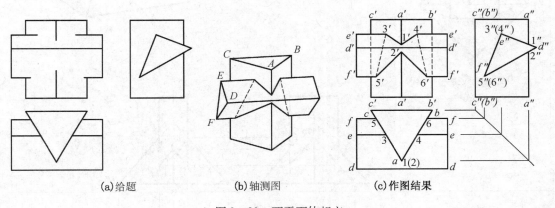

(a)给题   (b)轴测图   (c)作图结果

图3-20 两平面体相交

从图中可以看出，由于铅垂三棱柱的各个棱面的水平投影具有积聚性，所以所求相贯线的水平投影都必积聚在铅垂棱柱参与相贯的左、右两个棱面的水平投影上，不必另求。

同理，由于侧垂棱柱各个棱面的侧面投影具有积聚性，所以相贯线的侧面投影也不必另求。故本题只须求作相贯线的正面投影。

(1)求相贯线上的各个顶点的正面投影：

从侧面投影可知，铅垂三棱柱的 A 棱与侧垂三棱柱上、下两棱面的交点的投影分别是 $1''$、$2''$，由此便可求得其正面投影 $1'$、$2'$；从水平投影可知，相贯线上的点3、4和点5、6分别是侧垂三棱柱的 E、F 棱与铅垂三棱柱各棱面交点的投影，据此即可求得其正面投影 $3'$、$4'$ 和 $5'$、$6'$。

(2)依次连接所求出的点并判别各折线段的可见性：

从图3-20b可知，连接相贯线上各个顶点的原则是：既位于铅垂三棱柱同一个棱面，又位于侧垂三棱柱同一个棱面的两个点才能用一条直线相连。故在图3-20c中，相贯线正面投影的连接顺序依次是 $1'-3'-5'-2'-6'-4'-1$，形成为一条封闭的折线。其中 $3'-5'$、$4'-6'$ 这两折线段为不可见，故画成虚线。

(3)整理全图，补全缺失的图线，完成作图(图3-20c)。

例 3 − 7 求作图 3 − 21a 所示的四棱柱与四棱锥的相贯线。

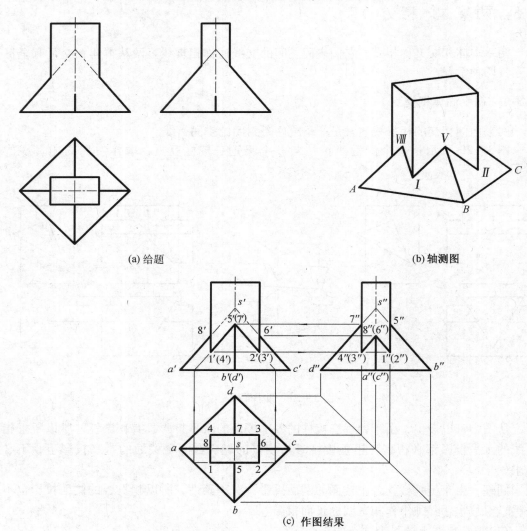

(a) 给题

(b) 轴测图

(c) 作图结果

图 3 − 21 求作四棱柱与四棱锥的相贯线

分析：从图 3 − 21a 可知，相交两基本体左右、前后均对称。因此，所求的相贯线也必左右、前后对称；图中的四棱柱从上向下全部贯入四棱锥中，即为全贯，但它们的底面同在一个平面上，相贯线只限于上部各表面之间的交线，所以相贯线只有一组封闭的空间折线。

因为直立四棱柱四个棱面的水平投影具有积聚性，所以相贯线必然积聚在该四棱柱四个棱面的水平投影上，故本例只须求作相贯线的正面投影和侧面投影。

从图中还可知，该四棱柱的四条棱线和四棱锥的四条棱线都参与相交，但每条棱线只有一个交点，即相贯线上总共有八个折点(参阅图 3 − 21b)。

作图：如图 3 − 21c 所示。

3.3.2 平面体与曲面体相交

平面体与曲面体相交，其相贯线通常是由若干段平面曲线或平面曲线和直线所围成的闭合的空间折线，其实也可归纳为平面体的各个棱面分别与曲面体表面相交所得的截交线的集合。

例3－8 求作如图3－22a所示的三棱柱与圆柱的相贯线。

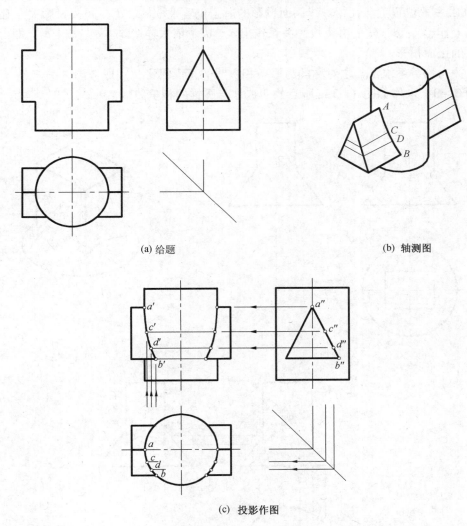

(a) 给题　　　　　　　　　　　　(b) 轴测图

(c) 投影作图

图3－22　求作三棱柱与圆柱的相贯线

分析： 从给题可知，该相贯体左右、前后对称，三棱柱的三个棱面都参与相交（这种情况称为全贯），因此相贯线应是两条由三段平面曲线围成的空间封闭折线，且左右对称。由于三棱柱的前后两棱面倾斜于圆柱轴线，故它们截割圆柱面所得的是两段前后对称分布的椭圆弧。又由于三棱柱的水平棱面垂直于圆柱轴线，故截割圆柱面所得的是一段圆弧。在水平投影和侧面投影中，相贯线都分别积聚在圆柱面或三棱柱棱面相应的积聚投影上；而且，在正面投影中，三棱柱的水平棱面与圆柱面的交线积聚在该棱面的积聚投影上，故只须求作三棱柱前后两棱面与圆柱面的截交线的正面投影即可。

作图：如图 3–22c 所示。

① 求特殊点。根据投影对应关系和利用投影积聚性，可直接得出最高点的投影 a' 和最前最低点的投影 b'。该两点分别是三棱柱前棱面的两条棱线与圆柱面的交点的正面投影。

② 求一般位置点。在相贯线侧面投影的适当位置上取 c''、d''，并按投影关系在其水平投影上作出 c、d，然后再按投影关系作出 c'、d'。依次连接 a'、c'、d'、b'，即得该段相贯线的正面投影。

③ 按对称关系求出与之对称的另一条相贯线的正面投影，完成作图。

例 3–9　求作如图 3–23a 所示的四棱柱与圆锥的相贯线。

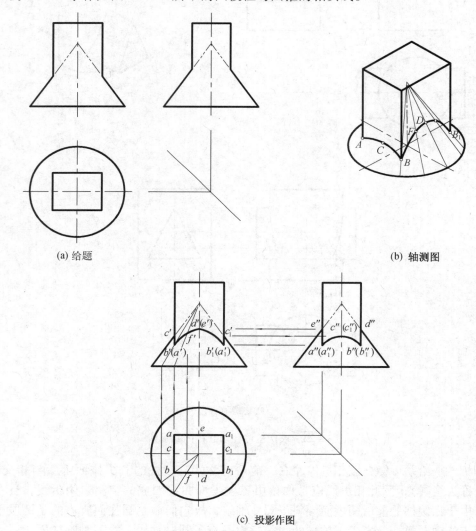

(a) 给题　　　　　　　　　　　　(b) 轴测图

(c) 投影作图

图 3–23　求作四棱柱与圆锥的相贯线

分析：从给题可知，该相贯体左右、前后都对称，其中的四棱柱垂直于水平投影面，它的4个棱面的水平投影积聚成四边形，故相贯线的水平投影与该四边形重合。四棱柱的四个棱面均平行于圆锥的轴线，且两两分别平行于 V 面和 W 面，所以相贯线是一条由四段截交线(双曲线)组成的空间闭合折线，其正面投影和侧面投影分别反映出该闭合折线中的一段折线的实形，其转折点落在四棱柱的各条棱线上。

作图：如图 3－23c 所示。

3.3.3 两曲面体相交

两曲面体相交所得的相贯线，通常是一条或两条封闭的空间曲线。相贯线上各点是两曲面体表现上的共有点。

求作两曲面体相贯线的方法，常用的有表面取点法和辅助平面法两种。

（1）表面取点法。

相交两曲面体，如果其中有一个是轴线垂直于某投影面的圆柱，此时，相贯线在该投影面上的投影就会积聚在该圆柱面的积聚投影上。因此，求作这类相交两曲面体的相贯线时，可看成是已知相贯线的一面投影，求作其他投影的问题。

例 3－10 已知图 3－24a，求作该两圆柱的相贯线。

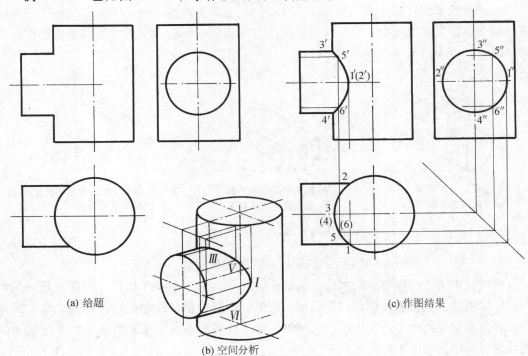

(a) 给题   (b) 空间分析   (c) 作图结果

图 3－24 求作两圆柱的相贯线

分析：图中两圆柱的轴线垂直相交，其铅垂圆柱面的水平投影和侧垂圆柱面的侧面投影都具有积聚性，相贯线的水平投影和侧面投影分别与两圆柱面的积聚投影重合，所以本例可归结为已知相贯线的水平投影和侧面投影，求作它的正面投影的问题。因此，可采用在圆柱面上取点的方法求解。

作图：如图3－24c所示。

① 求特殊点。由于铅垂圆柱面的水平投影积聚为一圆周，所以侧垂圆柱面最前、最后素线的水平投影与该圆周的交点1、2，就是相贯线上点Ⅰ、Ⅱ的水平投影，据此可求出正面投影1′、(2′)和侧面投影1″、2″。又由于该两圆柱具有平行于 V 面的公共对称平面，所以铅垂圆柱面最左素线与侧垂圆柱面最上、最下素线的正面投影的交点3′、4′就是相贯线上点Ⅲ、Ⅳ的正面投影。这四个点Ⅰ、Ⅱ、Ⅲ、Ⅳ都是相贯线上的特殊点。

② 求一般位置的点。为使相贯线的作图更加准确，可任取一些一般位置的点。例如，可先在水平投影中，利用铅垂圆柱面的水平投影的积聚性，在相贯线上任意定出两点5、(6)，根据5、(6)按投影关系在侧面投影中的侧垂圆柱面的积聚投影上求出5″、6″，再根据5、5″和(6)、6″，便可求出正面投影5′、6′。

③ 最后，用曲线板光滑地连接各点的正面投影，完成作图。

（2）辅助平面法。

求作两曲面体的相贯线，也可利用"三面共点"的原理求解。当用一个辅助平面去同时截割两个曲面体时，得到两条截交线，这两条截交线的交点，就是辅助平面和两曲面体表面的"三面共点"，亦即为相贯线上的点。

选择辅助平面时要注意：为了便于作图，一定要使选用的辅助平面与两相交的曲面体的截交线都是直线或圆，并且其投影也是直线或圆（图3－25），如果截交线的投影为非圆曲线，作图就复杂而不可行了。

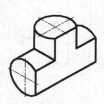 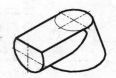 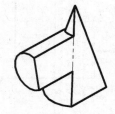

(a) 辅助平面为正平面，截交线均为直线　　(b) 辅助平面为水平面，截交线为直线与圆　　(c) 辅助平面为过锥顶的侧垂面，截交线均为直线

图3－25　辅助平面的选择举例

例3－11　求如图3－26a所示的圆柱和圆锥的相贯线。

分析：由图中可以看出该圆柱与圆锥前后对称，并在左半部相贯，相贯线是一条封闭的空间曲线。圆柱面的侧面投影积聚为圆周，所以，相贯线的侧面投影为已知；根据圆柱和圆锥的空间相对位置，可选用同时平行于柱轴和垂直于锥轴的水平面并过锥顶的侧垂面作为辅助平面求解。

作图：如图3－26所示。

① 求特殊点。因为圆柱与圆锥的轴线相交且平行于正面，所以相贯线上的最高点 B 和最低点 A 的正面投影 b'、a' 分别处于圆柱与圆锥正面投影外形轮廓线的相交处，据此

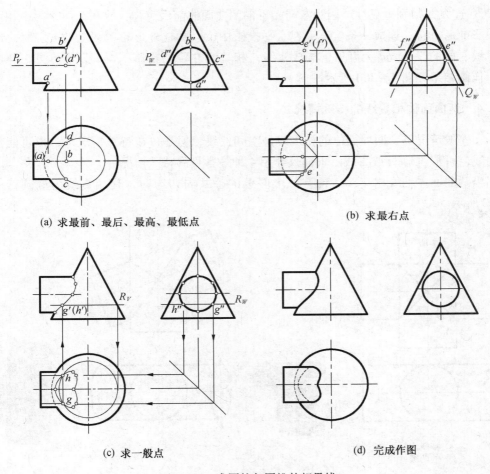

(a) 求最前、最后、最高、最低点   (b) 求最右点

(c) 求一般点   (d) 完成作图

图 3 – 26 求圆柱与圆锥的相贯线

得出对应的侧面投影 b''、a'' 和水平投影 b、a。

过圆柱轴线作一水平的辅助平面 P，与圆柱面相交于最前、最后两素线，与圆锥面相交的截交线为一个水平圆，这些截交线的水平投影的相交处，便是相贯线上的最前点 C 和最后点 D 的水平投影 c 和 d，再据此作出 c'、(d') 和 c''、d''（图 3 – 26a）。

通过锥顶作与圆柱面相切的侧垂辅助面 Q，Q_W 与圆柱面的侧面投影相切于 e''，作出 Q 面与圆柱面的切线（即柱面上过点 E 的直素线）和 Q 面与圆锥面的截交线（即圆锥面上过点 E 的直素线）的水平投影，这条切线的水平投影与截交线的水平投影的交点即为相贯线最右点 E 的水平投影 e，最后据 e'' 和 e 作出 e'。同理，按对称关系可作出相贯线上另一个最右点 F 的投影 f''、f、f'，如图 3 – 26b 所示。

② 求一般位置点。在侧面投影的适当位置，任作一水平辅助平面 R（迹线 R_W）与圆柱面的侧面投影交于 h''、g''。分别作出辅助平面 R 与圆柱面的截交线（两条直素线），和与圆锥面的截交线（一个圆周）的水平投影，它们两两相交的交点即为相贯线上一般点 H、G 的水平投影 h、g，从而根据投影关系求得 h'、g'，如图 3 – 26c 所示。

③ 连线并判别可见性。因为参与相贯的两曲面体前后对称，故在正面投影中相贯线的投影前后重合，连成一条实线。在水平投影中，以圆柱外形轮廓线上的 c、d 为分界，相贯线右段的投影 cbd 为可见，连成实线；相贯线左段的投影 $cgahd$ 为不可见，连成虚线。作图结果如图 3–26d 所示。

3.3.4 两曲面体相贯线的特殊情况

在一般情况下，两曲面体的相贯线是空间曲线，但是，在特殊情况下，也可能是平面曲线(椭圆、圆周)或直线。下面仅介绍 4 种最常见的特殊情况。

当两曲面体轴线相交，且具有一个假想的公共内切球时，其相贯线为椭圆，如图 3–27 所示。

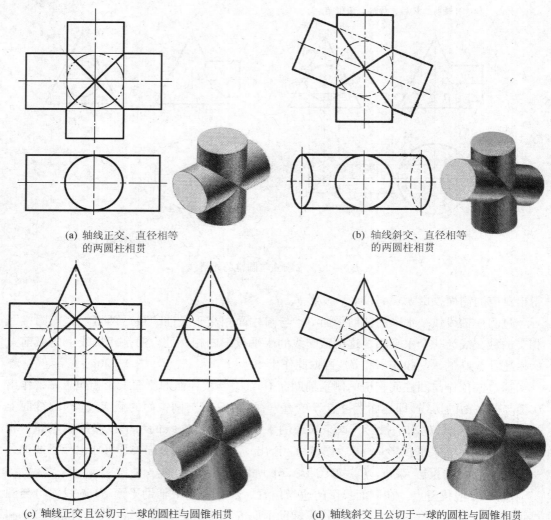

(a) 轴线正交、直径相等
　　的两圆柱相贯

(b) 轴线斜交、直径相等
　　的两圆柱相贯

(c) 轴线正交且公切于一球的圆柱与圆锥相贯

(d) 轴线斜交且公切于一球的圆柱与圆锥相贯

图 3–27　相贯线为平面曲线——椭圆

第4章　组合体的投影

4.1　组合体的形成

由若干个完整的或不完整的基本体(或基本部分)按某种方式组合而成的形体，称为组合体。这里所说的"基本部分"，是指组合体中构造相对规整、独立的一个组成部分，也许它还可以再分解为若干个完整的或不完整的基本体。大多数从实际工程中抽象出来的形体，都可以把它们看成是组合体。

4.1.1　形体分析法

在绘制和识读组合体的投影图时，假想将组合体分解成若干个完整的或不完整的基本体(或基本部分)，逐一分析它们的形状、大小以及它们之间的相对位置，以获得和加深对该组合体的几何属性和形体构成的认识。这种方法称为形体分析法。

例如图4-1a所示的组合体，它的中部可以看成是由一大一小两个四棱柱叠加而成的，相叠加时，它们的上表面刚好齐平，大四棱柱的下端还被截割去了一个矩形的切口；

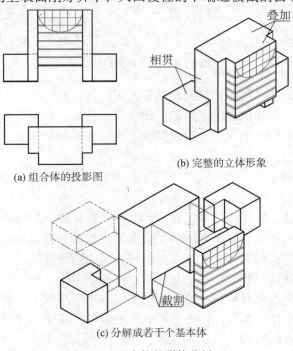

(a) 组合体的投影图　　　　　(b) 完整的立体形象

(c) 分解成若干个基本体

图4-1　组合体的形体分析

它的两侧则可看成是由大小相同的立方体分别与大四棱柱相贯（或称咬合）而得，此时可理解为两侧的立方体都相应地缺少了一个方角。具体分析过程如图4－1b、c所示。

4.1.2　组合体的组合方式

从图4－1可以看出，组合体的组合一般可分为叠加、截割、相贯三种基本方式。

但必须指出，在许多情况下，叠加与截割并无严格的区别界限。同一个组合体往往既可按叠加方式去分析，也可按截割方式去理解。例如图4－2a所示组合体的中部，既可看成是由一个不完整的四棱柱与另一个带部分圆柱面而且宽度、高度相同的"基本部分"叠加而成（图中的双点长画线为两者之间的分界线）；也可看成是由一个不完整的（长）四棱柱被截割出一部分圆柱面而得。因此，分析组合体的组合方式时，应根据具体情况来考虑，以便于作图和理解为原则。

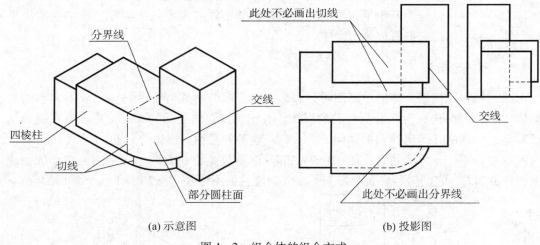

(a) 示意图　　　　　　　　　　(b) 投影图

图4－2　组合体的组合方式

画组合体的投影图，当相邻两组成部分的表面位于同一平面上时，它们之间的分界线不必画出；同理，两相切表面之间的切线也不必画出。反之，如果相邻两表面不共面即属于相交时，就必须画出它们之间的交线了，如图4－2b所示。

4.2　组合体的投影

图4－3a所示的台阶，可以看成是一个由三个基本部分互相咬合（相贯）而成的组合体。其中，右侧是垂直于水平面（地面）的直角梯形护墙；左后侧是被斜截去一角的垂直于水平面的矩形栏板；而中部则是一大一小相叠加的两级台阶，其中每级台阶的左前端均被截割成1/4圆柱面（通称圆角），如图4－3b所示。

这三个基本部分组合时的相对位置是位于同一水平底面上，其后表面相互齐平。因此，画该组合体的三面投影时，宜先分别画出表示水平底面和梯形护墙右侧面的正面投影，表示梯形护墙右侧面和后表面的水平投影，和表示水平底面和后表面的侧面投影。这些投影分别被积聚成一对互相垂直的直线段，可作为画图时的基准线（图4－3c）。

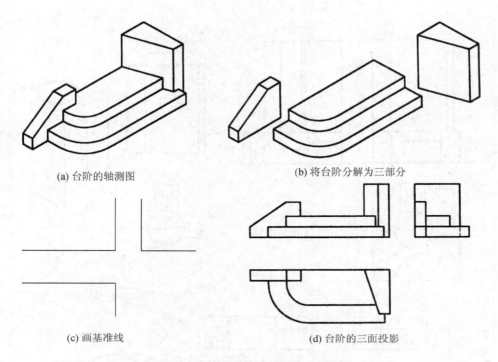

(a) 台阶的轴测图　　　　　　　　(b) 将台阶分解为三部分

(c) 画基准线　　　　　　　　　　(d) 台阶的三面投影

图4-3　台阶的形体分析及其三面投影

然后在这个基础上逐步画入各组成部分的投影，最后加深图线即得图4-3d。

分析组合体各基本部分的形状时，对互相咬合的细部，只要弄清楚它们的大致情况就可以了，不必过于详细描述。

图4-4a所示的大酒店，可大致看成是由塔楼和裙楼两部分叠加而成的组合体（每一部分还可再细分）。从所给的三面投影可知，其水平投影能较好地反映出该组合体的造型特征，故识图时宜从水平投影入手，再按"长对正、宽相等"的投影关系找出正面投影和侧面投影中与之相对应的部位，逐个分析并想象出其形状特点，最后综合成整体。不难看出：

（1）塔楼部分为 Y 形造型，其顶部有一个圆柱形的旋转餐厅（图4-4b）。

（2）裙楼部分为由四棱柱经截割和叠加后而形成。其中：①左前方主入口处被截割成凹圆弧形立面，然后再在该立面外叠加一个半圆柱形的门斗。②左后方被斜截成45°立面，上设有一个45°等腰直角三角形的雨篷为酒店的次入口。③右后方截割出的空地则作为停车场及后勤服务的出入口（图4-4c）。

于是可综合想象出该大酒店的整体形状，如图4-4d所示。

例4-1　已知建筑群体的正面投影和水平投影（图4-5a），试补画它们的侧面投影。

分析： 从所给出的两面投影并通过"长对正"找出它们之间的投影对应关系后可知：位于建筑群体前方的是一座较小的圆柱形低层建筑，位于群体后方的是一座五边形的中高层建筑，两座建筑之间有横断面为矩形的连廊相连，连廊稍低于圆柱形建筑。各建筑物之间的相对位置在水平投影中清晰可见。

作图： 如图4-5b所示，先在适当的地方画一条保证"宽相等"用的45°辅助线，这

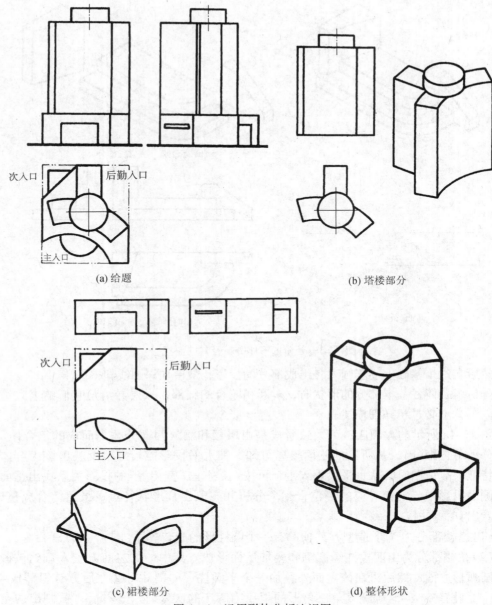

(a) 给题

(b) 塔楼部分

(c) 裙楼部分

(d) 整体形状

图 4 - 4 运用形体分析法识图

样就可利用"高平齐、宽相等"的投影对应关系逐一画出建筑物各部分的侧面投影。其中，圆柱形建筑最前的外形轮廓线(最前素线)的侧面投影是一条完整的铅垂线，但其最后的外形轮廓线(最后素线)的侧面投影只剩下高出连廊顶面的一部分，其余为连廊的顶面及侧面与圆柱面相交的交线的投影。至于后方的中高层建筑，其侧面投影只反映了它的左侧面的实形，后方斜面的侧面投影则反映为面积缩小了的类似形。

运用形体分析法，根据组合体的两面投影补画第三面投影，是培养空间想象力、训练和提高绘图和识图能力的十分有效的方法。

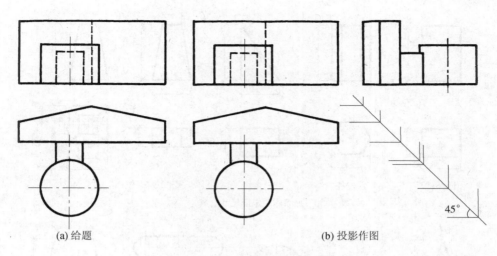

(a) 给题　　　　　　　　　　　　　　(b) 投影作图

图 4 - 5　补画建筑群体的侧面投影

4.3　组合体的尺寸标注

　　组合体的投影只表达了组合体的形状，而组合体各部分的真实大小及相对位置，则要通过尺寸来给定。尺寸是施工时法定的依据，与制图的准确度无关。

　　概括地说，组合体的尺寸标注应做到正确、完整、清晰。所谓正确是指尺寸标注必须依据组合体的组合方式及其几何属性，运用制图标准的有关规定，逐一标注出制造该组合体所需的各个尺寸。完整是指尺寸必须注写齐全，不遗漏。清晰是指尺寸的布置要排列分明，便于识读。

　　标注尺寸的基本原则是首先对表达对象设立空间直角坐标系。对平面体一般要注全长、宽、高三个方向上的坐标尺寸；对圆柱、圆锥等曲面体一般只要标注径向和轴向两个方向上的尺寸(径向尺寸数字之前要加注符号 ϕ 或 R)便可；对圆球则要加注符号 $S\phi$ 或 SR。

4.3.1　组合体的三种尺寸

　　由于组合体是由若干个基本体(或基本部分)组合而成的，故进行尺寸标注之前，必须对该组合体进行形体分析，按形体分析的结果分别标注出下列三种尺寸。

　　1. 定形尺寸

　　定形尺寸是指确定组成组合体的各个基本体的长、宽、高三个方向上的大小尺寸(对曲面立体来说则是径向、轴向上的大小尺寸)。图 4 - 6 所示为基本体的定形尺寸。

　　2. 定位尺寸

　　定位尺寸是指确定各个基本体在组合体中相互位置的尺寸，一般也是坐标尺寸(具体见 4.3.2 中的 4.)。

　　3. 总体尺寸

　　总体尺寸是指确定组合体形状大小的总长、总宽、总高的坐标尺寸。这种尺寸有时

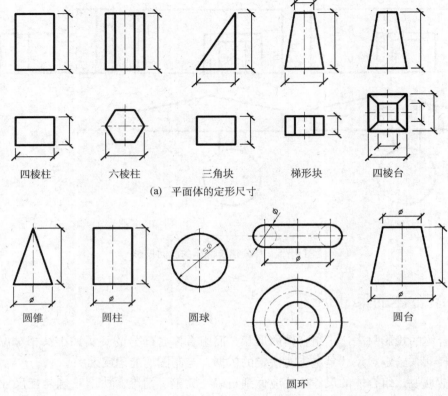

四棱柱　　六棱柱　　三角块　　梯形块　　四棱台

(a) 平面体的定形尺寸

圆锥　　圆柱　　圆球　　　　　圆台

圆环

(b) 曲面体的定形尺寸

图 4-6　基本体的定形尺寸

可以省略。

4.3.2　组合体尺寸标注的基本原则

如前所述，组合体尺寸标注的基本原则是首先设立空间直角坐标系，即选定长、宽、高三个方向上的坐标面作为尺寸标注的基准面；然后按制图标准的有关规定，逐一标注出确定该组合体所需的各个尺寸——定形尺寸、定位尺寸和总体尺寸。

现以图 4-7a 所示的支架为例，说明尺寸标注的原则及其步骤。

1. 识图

首先识读投影图(图4-7a)，即通过形体分析(图 4-7b)获得该支架的整体形象如图 4-7c 所示。

2. 设立坐标系

根据该支架构造上的特点，在 X、Y、Z 三个坐标方向上各设立一个坐标面。本例宜选定整个支架的左右对称面、底板和立柱的后端面和底板的下底面分别为三个方向上的坐标面，并把它们分别作为长、宽、高三个方向上的尺寸基准(在理论上也可以选择任何位置上的三个互相垂直的平面作为坐标面，问题是怎样才能使尺寸标注得简约和恰当，才能易于做到正确、完整和清晰)。

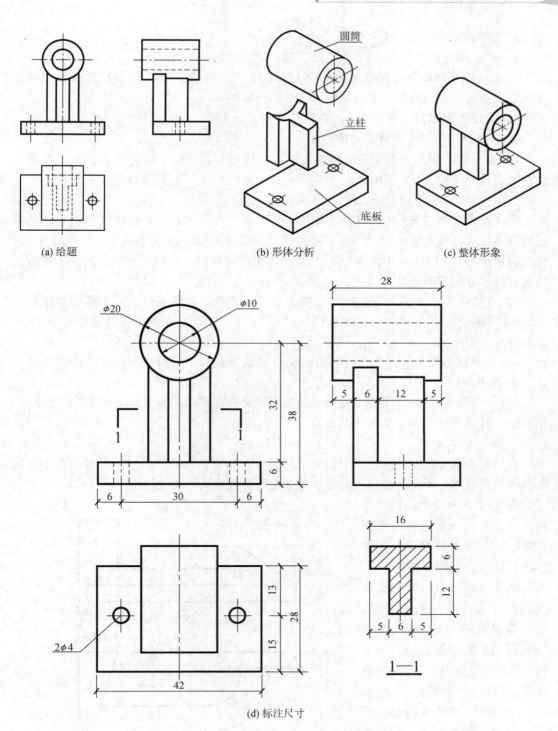

(a) 给题　　　　　　　　　(b) 形体分析　　　　　　　　　(c) 整体形象

(d) 标注尺寸

图 4-7　支架的尺寸标注

3. 分别注出各组成部分的定形尺寸

（1）底板的定形尺寸：长42、宽28、高6和2个圆孔的直径$\phi 4$。

（2）立柱的定形尺寸：（见断面1—1）横向16、5、6、5，竖向6、12（其长度因受整个支架的高度和圆筒外径大小的制约，不必另行标注）。

（3）圆筒的定形尺寸：外径$\phi 20$、内径$\phi 10$、长28。

4. 考虑标注各组成部分的定位尺寸

（1）在长度方向上，由于该支架左右对称，故底板、立柱、圆筒三者在长度方向上的相对定位尺寸均为0，不用标注。但底板上的两个小孔，则需按对称关系直接注出它们的定位尺寸（中心距）30。至此，严格来说，两个小孔在长度方向上的定位问题已经解决，但在土木建筑工程行业的实际工作中，为了便于度量和减少产生差错的机会，通常还将有关尺寸注成封闭的"尺寸链"，亦即在上述尺寸30的两端再各加上一个尺寸6，这样就形成了"6 + 30 + 6 = 42"的格局（即注法）。此时可解读为也可以把底板的左、右端面作为标注尺寸的辅助基准。

（2）在宽度方向上，由于立柱与底板的后端面齐平，故图中只注入了圆筒的定位尺寸5；并同样注成了封闭的尺寸链5 + 6 + 12 + 5 = 28。底板上两个小孔的定位尺寸13亦照此办理，即注成13 + 15 = 28。

（3）在高度方向上，因立柱与底板的组合关系为叠加，故图中只标注了圆筒的定位尺寸38（同样注成6 + 32 = 38）。

（注：在图4-7中为了使立柱断面的定形尺寸标注得清晰明显，采用了"移出断面"的画法，其原理详见本书第5章5.3节。）

5. 标注总体尺寸

在一般情况下还必须标注出表达对象的总长、总宽、总高的尺寸。但本例由于各处的大小显而易见，而且标注出它的总体尺寸也无实际意义，故此从略。

图4-8所示为台阶的尺寸标注，其形体分析过程见前面图4-3所示（具体的尺寸标注要领，请读者自行分析）。

图4-9所示为一件简单家具的尺寸标注。从图中可知，这件家具完全由厚30的板材经裁切加工组合而成。其中背板宽400、高1600，上端改成半径$R200$的半圆；案板宽450、长800，其两端也改成半圆；脚撑则为一块宽380、高620的矩形板。整件家具的总体尺寸为：总长800，总宽450，总高1600。至于该家具

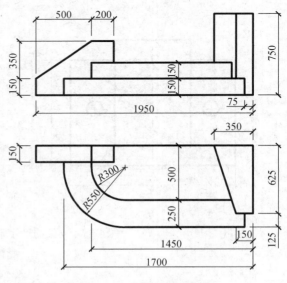

图4-8　台阶的尺寸标注

的制作工艺和要求，在实际工作中还应另有详细说明，这里从略。

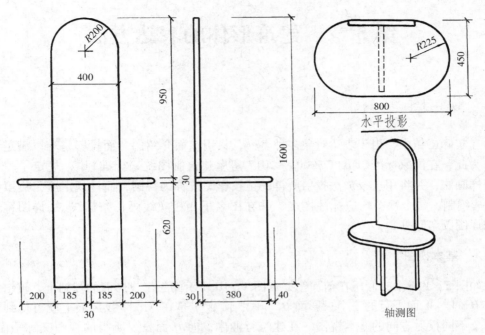

图4-9　某家具的尺寸标注

4.3.3　尺寸标注(配置)的注意事项

(1)尽可能将尺寸标注在反映形状特征的投影图形的旁边，而且一般配置在投影图形之外。

(2)与两面投影都有关的尺寸，宜标注在两面投影之间的任一面投影的旁边。

(3)避免在不可见的投影轮廓线(虚线)上标注尺寸。

(4)同一方向上的连续尺寸应配置在同一条直线上；尺寸较多时应适当地排成多道，小尺寸靠内，大尺寸靠外。各道尺寸线应互相平行且间距相等。

(5)一个尺寸一般只标注一次，但必要时允许重复。

(6)截交线和相贯线不需标注尺寸，因为它们是由既定的(即已知的)有关表面相交而形成的。

总之，尺寸标注是一件严谨、细致的工作，必须认真对待，一般先作出初步的标注方案，经反复检查比较后再确定下来，尽量避免产生差错。

第5章　建筑形体的表达方法

5.1　视　图

在实际工作中，由于表达对象多种多样，只用前面介绍的三面投影是难以满足要求的。为此，在国家标准《GB/T 50001—2017 房屋建筑制图统一标准》中，规定了一系列的图样画法，并将用正投影法投射所得的正投影图统称为视图，而且规定应采用第一角画法[①]绘制，每个视图均应标注图名，并在图名下用粗实线画一条横线（用详图符号命名的详图图名除外）。

5.1.1　基本视图

如图 5-1 所示，假想在前面第 2 章图 2-10 所示的三个投影面的基础上，再增加分别与 H、V、W 面平行的三个投影面 H_1、V_1、W_1，于是在这六个投影面上就可得到形体的六个不同投射方向的基本视图。在建筑行业中，向 H 面投射所得的视图又称平面图，向 V 面投射所得的视图又称正立面图，向 W 面投射所得的视图又称左侧立面图；将向新增的 H_1、V_1、W_1 面投射所得的视图分别又称之为：底面图、背立面图、右侧立面图。把这六个投影面围成的"盒子"用如图 5-1a 所示的展示方式展开在同一个平面上，得到了仍然保持着"长对正、高平齐、宽相等"投影关系的六面基本视图如图 5-1b 所示。

在实际工作中，对房屋建筑立面图的命名，在上述国家标准 GB/T 5001—2017 中还作出了如图 5-1c 所示的以轴线编号来命名的规定（详见后面第 6 章中的有关图例）。

5.1.2　镜像图

有些工程构造，例如图 5-2a 上方所示的梁板柱节点，因为板在上，梁、柱在下，按第一角画法绘制它的平面图时，梁、柱为不可见，按规定要用虚线表示（图 5-2b），致使这样的视图表达得不够清晰。如果把 H 面当作镜面（图 5-2a 的下方），在镜面中就能得到梁、柱为可见的反射图像（镜像）。在制图标准中规定，用这种方法投射所得的镜像图仍称平面图，但是应在图名后加注"镜像"二字，如图 5-2c 所示；或在平面图的旁边画入一个如图 5-2d 所示的识别符号，以示区别。

在室内设计工作中常用这种图来表现顶棚的装修做法、灯具的安装位置或殿堂藻井的构造形式等。

注：①一对互相垂直的投影面 V、H，把空间划分成 4 个部分，位于 V 面之前、H 面之上的部分称为第一角。把形体置于第一角中进行投射的画法，称为第一角画法。

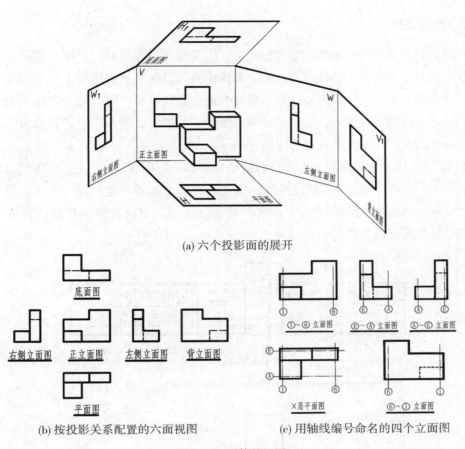

(a) 六个投影面的展开

(b) 按投影关系配置的六面视图

(c) 用轴线编号命名的四个立面图

图 5 – 1 形体的视图

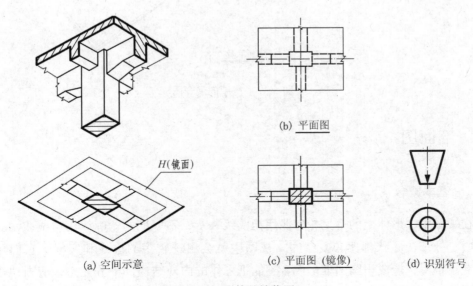

(a) 空间示意

(b) 平面图

(c) 平面图 (镜像)

(d) 识别符号

图 5 – 2 形体的镜像图

5.1.3 展开图

有些建筑形体的造型呈折线形或曲线形，按常规投影作图时，只能令该形体的设定的主要立面与设定的投影面平行，这时，形体的另一立面的投影则发生了变形。为了能在同一投影面上表达出主立面和这些折面或曲面的真实形状，可假想将这些折面或曲面以某一共面直线作为旋转轴，旋转展开至与所设定的投影面平行后再进行投射，这种画法称为展开画法，所获得的视图称为展开图。

如图 5-3 所示，把房屋平面图中右边的倾斜部分，假想以它与左边的前立面的（垂直于 H 面的）交线为轴，向后旋转展开，使之平行于 V 面后再进行投射，这样就能得到能同时反映出该房屋左右整个前立面实形的正立面图。用展开画法投射所得的正立面图，规定要在图名后加注"展开"二字。

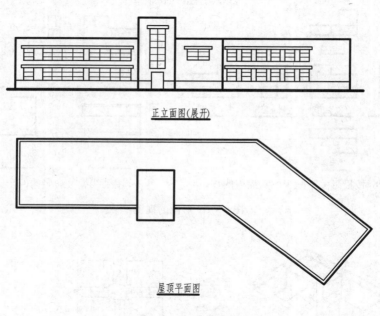

正立面图(展开)

屋顶平面图

图 5-3 房屋的展开图

5.2 剖面图

5.2.1 基本概念

在视图中，形体上的可见轮廓线用粗实线表示，不可见的轮廓线用虚线表示。当形体的内、外结构形状都比较复杂时，视图中就会出现较多的虚线和实线，它们相互交错，混淆不清，造成识图困难；或者不能把形体的内外结构都十分完整、清晰地表达出来，图 5-4 所示的污水池，用三面视图表达时就是如此。

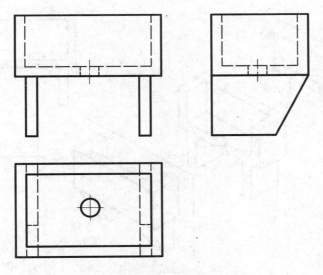

图 5 - 4 用三面视图表达污水池

1. 剖面图的形成

如图 5 - 5a 所示，假想用一个通过污水池排水孔轴线的剖切面 P 将污水池剖开，移去 P 面及其前面被剖去的部分，将剩余部分向与剖切面 P 平行的 V 面进行投射，所得的在切断面内画入 45°细实线（需指明材料者除外）的一种投影图，就是污水池的正立剖面图。从所得的剖面图可见，该污水池的壁厚、池深、排水孔大小和左右两个脚撑的厚度等均得到了清晰的表达。

同样，如图 5 - 5b 所示，假想用一个通过污水池左右对称面（也通过排水孔轴线）的剖切面 Q 剖开污水池，移去 Q 面及左边半个污水池，将剩下的右边半个污水池向与剖切面 Q 平行的 W 面进行投射，又可得到另一个方向上的剖面图——侧立剖面图。

这时，由于污水池下方的脚撑已由两个剖面图表达清楚了，故在平面图中还可省去表示该污水池的脚撑的虚线，使图形更加清晰。图 5 - 5c 为用剖面图表达污水池。

对比图 5 - 4 与图 5 - 5c 两种表达方法的效果，可见后者比前者清晰、明显了许多。

2. 剖面图的标注

剖面图应按照制图标准的有关规定加以标注（图 5 - 6）：

（1）剖切位置线。剖切位置线用长度为 6～10 mm 的粗实线表示，一般画在表示剖切位置的视图的外侧，不穿越图线。

（2）剖视方向线。用与剖切位置线垂直的粗实线表示，长度为 4～6 mm。剖视方向线应画在表示剖切后的投射方向的那一侧。

（3）剖面图编号。用阿拉伯数字按顺序由左至右、由下至上连续编排，并注写在投射方向线的端部。

（4）剖面图图名的注写。在投射所得的剖面图的下方，相应地用阿拉伯数字按"剖面图 1—1""剖面图 2—2"……的形式标出该图的图名（"剖面图"三字可以省略），并在图名的下方画一条粗实线；表示图名的数字字体宜比一般的尺寸数字字体大一号。

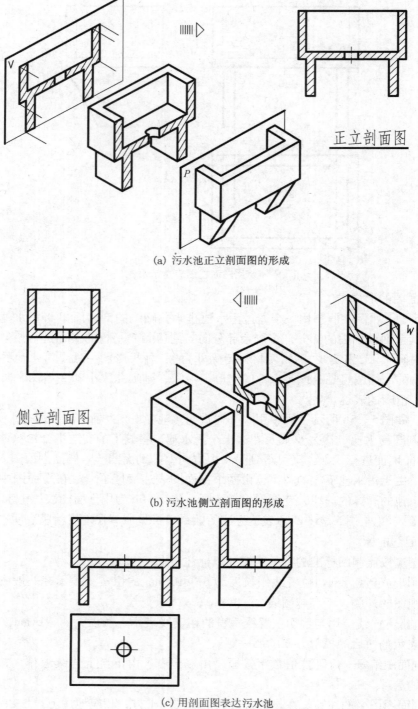

正立剖面图

侧立剖面图

(a) 污水池正立剖面图的形成

(b) 污水池侧立剖面图的形成

(c) 用剖面图表达污水池

图 5-5 污水池剖面图的形成

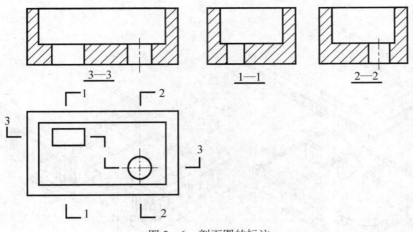

图 5 - 6　剖面图的标注

5.2.2　剖面图的种类

1. 全剖面图

假想用一个剖切面完全将形体剖开，向与剖切面平行的投影面投射所得的剖面图，称为全剖面图。图 5 - 5c 所示污水池的两个剖面图均为全剖面图。

图 5 - 7 所示的房屋，为了表达它内部的平面组合关系，假想用一个水平剖切面将房屋在窗台以上、窗头以下某个位置全部切开，移去剖切面及其以上部分，将以下部分投射到 H 面上，得到的是房屋的水平全剖面图。这种剖面图在建筑施工图中称之为平面图。

房屋的平面图习惯上不必在立面图上标注出与它相对应的剖切位置线；在小比例（≤1∶100）的平面图中也不必在墙体的截断面中画入材料图例。

2. 阶梯剖面图

用两个或两个以上互相平行而又错开的剖切面将形体剖开后向与之平行的投影面投射得到的剖面图称为阶梯剖面图。如图 5 - 7 所示房屋的 1—1 剖面图，即为阶梯剖面图。

当形体内部需要用剖切方法表示的部位不在同一个投影面平行面上，即用一个剖切面无法全部剖到时，可采用阶梯剖切的方法。阶梯剖面图必须标注剖切位置线和投射方向线；图形内的剖切位置线转折处的编号可以省略。

由于剖切是假想的，在阶梯剖面图中不应画出两个剖切面转折处的交线，并且要避免剖切面在图形轮廓线处转折。

3. 半剖面图

当形体对称且内外形状都比较复杂时，可假想用一个剖切面将形体剖开，在同一个投射方向上用半个外形视图与半个剖面图组合而成的图形称为半剖面图。

如图 5 - 8 所示的形体左右、前后均对称，如果采用全剖面图，将不能表达外表面的形状，故宜采用半剖面图，即保留半个外形视图表达外表面形状，再配上半个剖面图表达形体内部构造。在这样的组合图形中一般不再画表示不可见轮廓的虚线，但如有孔、洞，仍需将孔、洞的轴线画出。

土
建
工
程
制
图

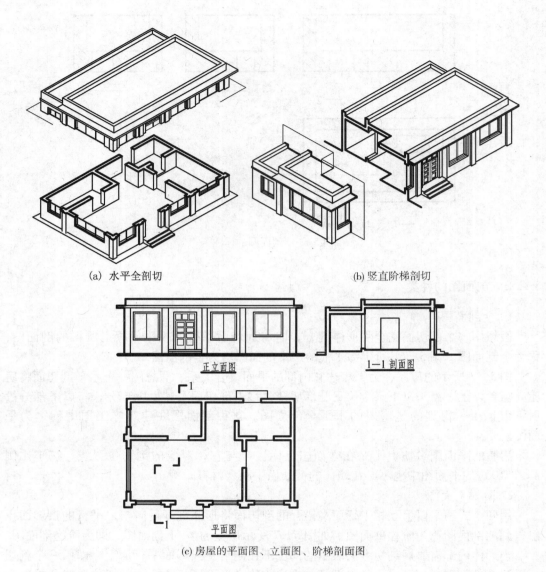

(a) 水平全剖切　　　　　　　　　　(b) 竖直阶梯剖切

正立面图　　　　　　　　1—1 剖面图

平面图

(c) 房屋的平面图、立面图、阶梯剖面图

图 5-7　用剖面图表达房屋

在半剖面图中，剖面图和视图之间，规定以对称线和对称符号为分界线，如图5-8所示，当对称线为竖直线时，习惯上将剖面图画在对称线的右侧；当对称线为水平线时，剖面图一般画在对称线的下方。当剖切面与形体的对称平面重合，且半剖面图又按投影面展开的相对位置排列时，可不予标注。但当剖切面不与形体的对称平面重合时，在一般情况下，应按全剖的方式标注，如图 5-8 中1—1 剖面图所示。

4. 局部剖面图

当形体内外结构都需要表达，但外部形状相对更复杂些，完全剖开后就无法表示它的外形时，可以保留原外形视图的大部分，只将某一局部画成剖面图。这种局部剖切后

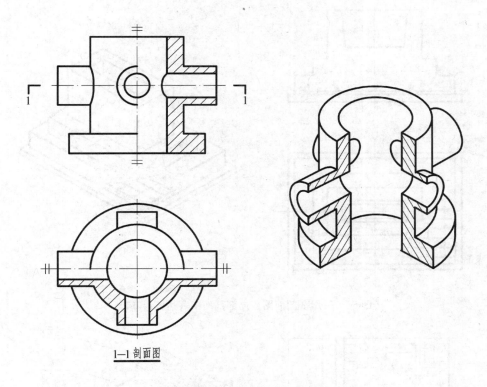

1—1 剖面图

图 5 - 8　用半剖面图表达某形体

得到的剖面图，称为局部剖面图。如图 5 - 9 所示，该图保留了杯形基础外形平面图的大部分，仅将其一个角画成剖面图，表示基础内部钢筋的配置情况。

　　注：图 5 - 9 的正立剖面图为全剖面图，按《GB/T 50105—2010 建筑结构制图标准》的规定，在截断面上已画出钢筋的布置时，就不必再画钢筋混凝土的材料图例。画钢筋布置的规定是：平行于正立面的钢筋用粗实线画出实形，垂直于正立面的钢筋用粗黑圆点画出它们的断面。

　　画局部剖面图时应注意：

　　（1）局部剖面图是以徒手画的波浪线与外形视图分界的，一般情况下是大部分表达外形，只有一小部分表达内形。因为这种图剖切位置比较明显，一般不需标注。

　　（2）波浪线可看成是形体剖切"裂痕"的投影，所画的波浪线不应超出该"裂痕"所在的结构的轮廓线之外，也不能与视图的其他轮廓线重合或画在轮廓线的延长线上，遇到孔、槽等空洞结构时，也不应穿空而过。

　　对多层结构构造的建筑物可用多个互相平行的剖切面按构造层次逐层局部剖开，这种表达方法常用来表达房屋的地面、墙面、屋面等处的构造。分层局部剖面图应按层次以波浪线将各层隔开，波浪线不应与任何图线重合。图 5 - 10 为用分层局部剖面图表达某道路上人行道的多层构造。

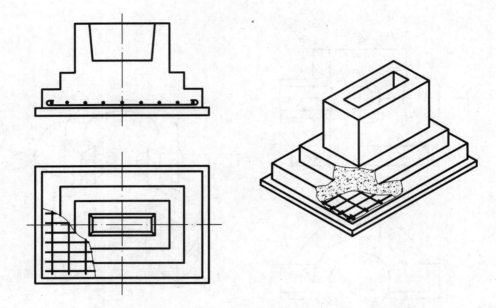

图 5-9　用全剖面图、局部剖面图表达杯形基础

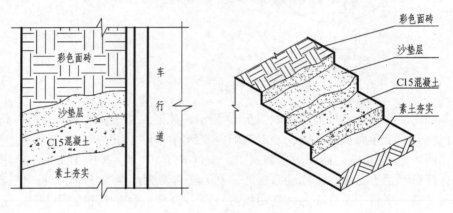

图 5-10　用分层局部剖面图表达人行道

5.2.3　画剖面图应注意的事项

（1）形体的剖切是一种假想的模式，实际上的形体仍是完整的。所以，除所画的剖面图外，在其他视图中仍应将该形体完整画出。

（2）一般应选择与投影面平行的平面作为剖切面，从而使剖切后的形体断面在投影图中能反映实形；同时，还应尽量使剖切面通过形体的对称面或形体中的孔、洞、槽等结构的中心线或轴线。

（3）形体被剖切所得的断面轮廓线应用粗实线绘制，并按规定在断面内画入相应的材料图例（详见第 6 章表 6-1）。当不需要表明建筑材料的种类时，对同一材料组成的形体，可采用方向相同和间隔相等的 45° 细实线表示。对由不同材料组成的形体，在相应的截断面上则应画出不同的材料图例，并用粗实线将它们分开，如图 5-11a 所示。

当形体的截断面很小时，其材料图例可用涂黑表示；如有相邻的截断面又都要采用涂黑表示，则应在它们之间留出约 0.7 mm 的空隙(图 5-11b)。

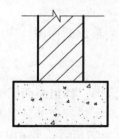

(a) 不同材料组成的形体的截断面　　(b) 断面涂黑的截断面

图 5-11　材料图例的画法举例

5.3　断面图

5.3.1　断面图的基本概念

假想用剖切面剖开形体，移去剖切面与观察者之间的部分，仅将所剖切到的断面投射到投影面上，所得的投影图称为断面图。断面图与剖面图一样，也是用来表达形体的内部结构构造。两者之间的区别在于：

(1)剖面图是形体被剖切之后将剩下部分向投影面投射所得的投影，是体的投影；剖切面没有切到但沿投射方向可以看到的部分，用 0.5b 线宽的实线绘制。断面图则是形体被剖切所得的断面的投影，是面的投影。

(2)剖切符号与编号的标注也不相同。剖面图用剖切位置线、投射方向线和编号来标注。断面图则只画剖切位置线与编号，不画投射方向线，而用编号的注写位置来表示投射方向，即编号注写在剖切位置哪一侧，就表示向哪一侧投射，如图 5-12 中的 1—1 断面图所示。

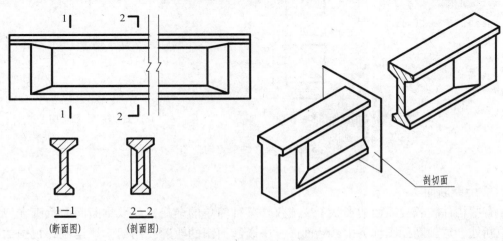

图 5-12　剖面图与断面图的区别

（3）剖面图可用两个或两个以上的剖切面进行剖切，断面图的剖切面只能是单一的。

5.3.2 建筑工程中常用的断面图

根据断面图所处位置的不同，断面图可分为移出断面图、中断断面图和重合断面图三种。

1. 移出断面图

布置在形体视图之外的断面图称为移出断面图。移出断面图的轮廓线用 $0.7b$ 线宽的中粗实线绘制。当一个形体有多个移出断面图时，最好整齐地排列在相应剖切位置线附近，必要时也可以将移出断面图配置在其他适当的位置，并用 1:1 或较大的比例画出。这种表达方式适用于断面变化较多的构件，例如钢筋混凝土构件。

移出断面图一般要进行标注。除画入剖切位置线与编号外，再在移出断面图的正下方注明与剖切位置线编号相同的名称，如 1—1、2—2（可省略"断面图"字样）。

图 5–13 所示为梁、柱节点构造图，其中花篮梁的断面形状由 1—1 断面图表示，上方柱和下方柱分别用 2—2 和 3—3 断面图表示。

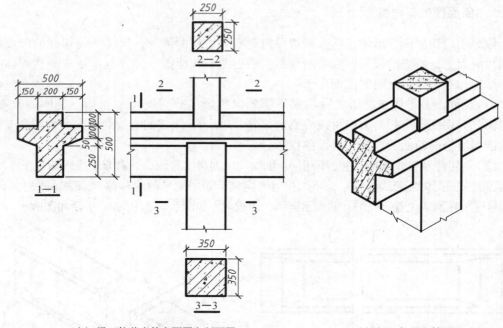

(a) 梁、柱节点的立面图和断面图　　　　(b) 梁、柱节点轴测图

图 5–13　梁、柱节点构造图

2. 中断断面图

有些构件较长且断面的形状不变或仅作某种简单的渐变，可以将断面形状画在视图的中断处，这种断面图称为中断断面图。中断断面图的轮廓线用粗实线绘制，视图的中断处用波浪线或折断线绘制，如图 5–14 所示。这种断面图可不作任何标注。

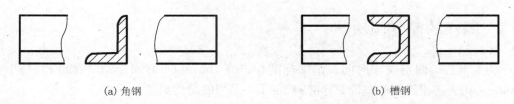

(a) 角钢 (b) 槽钢

图 5–14 断面图画在杆件的中断处

3. 重合断面图

为了便于识图，在不引起误解的情况下，有些断面图可直接画在视图之内，这种断面图称为重合断面图。重合断面图的断面轮廓线应用 0.7b 线宽的实线画出，以便与视图上的线条有所区别，不至于混淆不清。重合断面图不作任何标注。

图 5–15 为表示墙面上装饰做法的重合断面图。它仅用来表示墙面的起伏，故该断面图不画成封闭线框，只在断面图的范围内沿轮廓线边缘加画 45°细剖面线即可。

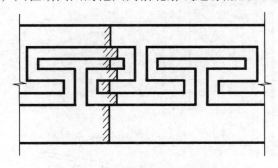

图 5–15 墙面装饰的重合断面图

图 5–16 所示为现浇钢筋混凝土楼板层的重合断面图。它是将侧平剖切面剖开楼板层所得到的截断面，经旋转后重合在平面图上而形成的。图中因梁板断面图形较窄，不易画出材料图例，故以涂黑表示。

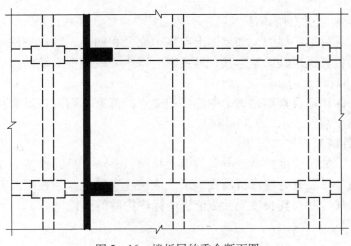

图 5–16 楼板层的重合断面图

5.4 图样的简化画法

为了节省绘图空间和时间，国家标准《GB/T 16675.1—1996 技术制图》和《(GB/T 50001—2017 房屋建筑制图统一标准》规定了一系列的简化画法，例如：

1. 对称图形的简化画法

当构配件的视图图形比较复杂且左右或上下对称，而具有一条对称线时，可只画出该视图的一半，并画出对称符号即可(图5-17a)；当构配件在两个主向上都有对称面，即其视图有两条对称线时，可以只画出该视图的1/4，并画出对称符号，如图5-17b所示。对称图形也可画成稍超出其对称线的样子，此时可不画对称符号，但要加画折断线(图5-17c)。

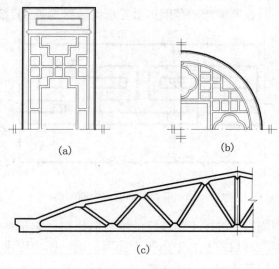

(a)   (b)

(c)

图5-17 对称画法

2. 相同结构要素的省略画法

建筑物或构配件的图样中，如果图上有多个完全相同且连续排列的构造要素，可以仅在两端或适当位置画出其完整形状，其余部分以中心线或中心线的交点确定它们的位置即可(图5-18a、b、c)。

如连续排列的构造要素不是每个中心线的交点处都有，则可在具有相同构造要素的中心线交点处用小圆点表示(图5-18d)。

3. 较长构件的断开省略画法

较长的构件，如沿长度或高度方向的形状相同(图5-19)，或按一定规律变化，可采用断开省略画法。断开处应以折断线表示。应该注意的是：当在用断开省略画法所画出的图样上标注尺寸时，其长度尺寸数值仍应标注构件的全长。

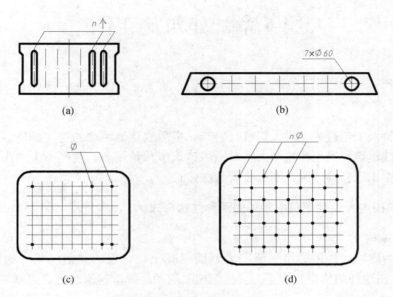

图 5 – 18 相同要素的省略画法

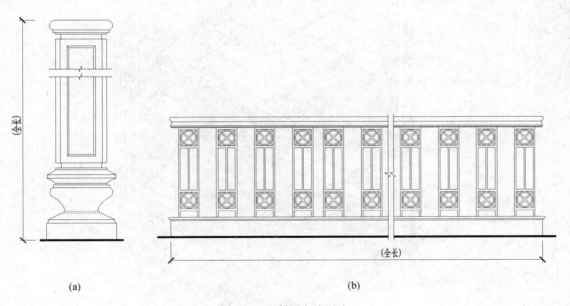

(a)

(b)

图 5 – 19 断开省略画法

第6章 建筑施工图

6.1 概 述

建筑是指人工创造的，供人们进行生产、生活或其他活动的空间场所。建筑大致上可分为生产性建筑和民用建筑两大类。民用建筑中数量最多、规模不大的中高层以下的居住建筑及中小型公共建筑，统称为大量性建筑。

6.1.1 目前国内大量性建筑中常见的两种结构形式

1. 砖混结构

承重墙为砖墙，楼板层和屋顶层为钢筋混凝土梁、板的建筑结构，通称砖混结构（图6-1）。在这种结构中，为了缩短建筑施工周期，降低建筑造价，除圈梁、构造柱和

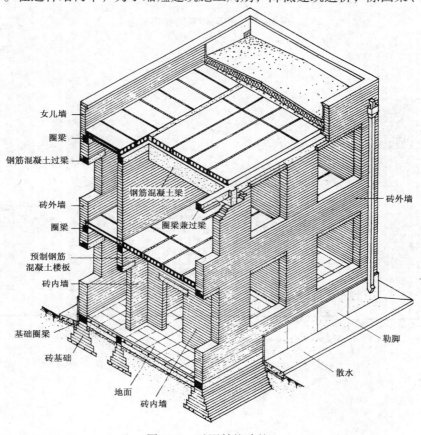

图6-1 砖混结构建筑

某些钢筋混凝土梁为现浇外，楼板层和屋顶层一般采用预制钢筋混凝土空心板装配而成，内外砖墙上的门、窗过梁也是采用预制钢筋混凝土构件，只有在认为有必要增强这种结构的整体稳定性时，才将楼板层和屋顶层改为现浇。

2. 框架结构

用钢筋混凝土柱、梁、板分别作为垂直方向和水平方向的承重构件，用轻质块材或板材作围护墙或分隔墙的建筑结构，通称框架结构(图6-2)。在这种结构中，柱、梁、板均为现浇，以获得较强的整体性。在某种情况下，楼板层也可采用预制，以降低造价和缩短施工周期。

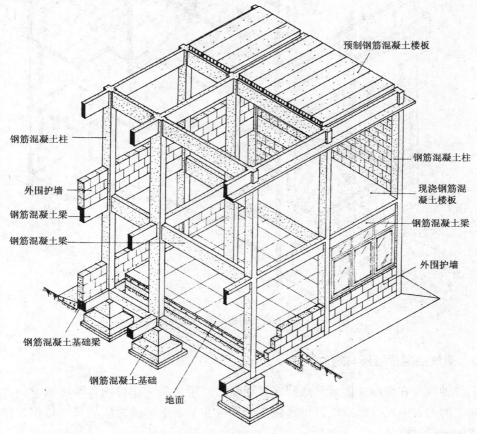

图6-2　框架结构建筑

6.1.2　居住建筑的组成及各细部的名称

一栋居住建筑通常由基础、墙柱、楼地板层、门窗和屋顶层六大主要部分组成，各个组成部分的位置及各细部的名称如图6-3[①]所示，它们分别处在该建筑物中不同的位置，发挥着各自应有的作用。

注：①该图为稍后所述的某别墅的剖切轴测图，可供识读与该别墅有关的图样时参考。

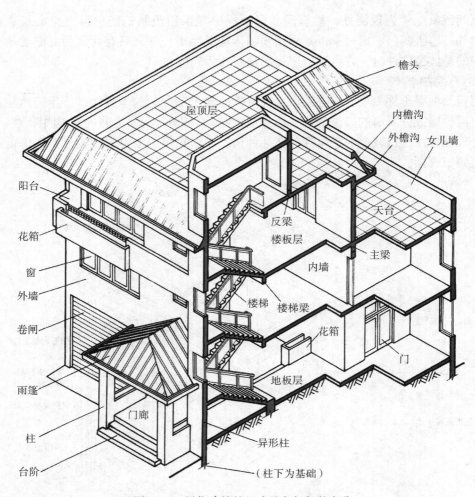

图 6-3　居住建筑的组成及各细部的名称

6.1.3　建筑的定位轴线与定位线

定位轴线是在做施工图设计绘制建筑平面图时用来确定建筑物各主要承重构件在水平方向上的位置的尺寸基准线，也是施工时用来在基地上定位放线的尺寸依据。定位轴线布置的一般原则是：

（1）凡承重墙、柱、大梁或屋架等主要承重构件的位置，都应画上轴线并编号。其中，横向编号应自左至右依次用①、②、③……顺序编号；竖向编号应自下而上依次用Ⓐ、Ⓑ、Ⓒ……顺序编号。为了避免误会，拉丁字母中的 I、O、Z 不得用作轴线编号。非承重的间墙及次要构件可不编轴线号，或作为附加轴线注明它与前一轴线之间的关系，其编号以分数表示，如 ⑴ₐ、⑴₁……

（2）定位轴线应用细单点长画线绘制，端部的圆圈应用细实线绘制，其直径为 8 mm，详图上为 10 mm，如图 6-4 所示。

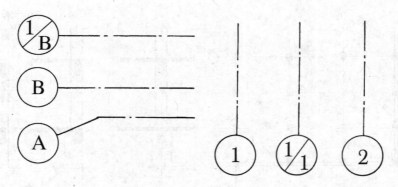

图6-4　定位轴线及编号的画法

（3）定位轴线之间的尺寸大小应尽量符合国家制定的《GB/T 50002—2013 建筑模数协调标准》的规定，特别是对预制装配式砖混结构的建筑。我国采用的基本模数 $M_0 =$ 100 mm，其中 $3M_0$ 的整数倍如 2100，2400，…，3600（mm）等尺寸，广泛地适用于建筑物开间的跨度（即轴距）。在同一座多层建筑中，其上下各层的定位轴线应是一致的。

（4）砖混结构的墙与定位轴线的关系：

①承重内墙的顶层墙身中线与定位轴线重合（图6-5a）；

②承重外墙的顶层墙身内缘与定位轴线的距离≥120 mm（图6-5b）。

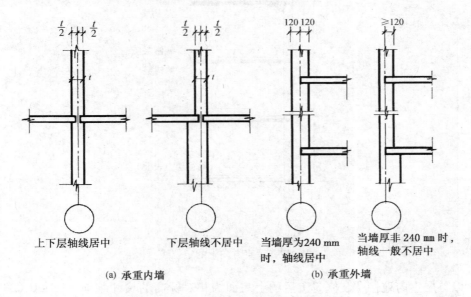

(a) 承重内墙　　　　　　　　　　　(b) 承重外墙

图6-5　承重墙与平面定位轴线的关系

（5）框架结构的柱与定位轴线的关系：

①中柱的中线一般与横向、竖向定位轴线重合（图6-6a、b）；

②边柱（特别是异形边柱）的外缘一般与定位轴线重合（图6-6a、c），但是，如果边柱为矩形，也可视实际受力情况使顶层边柱的中线与定位轴线重合（图6-6d）。

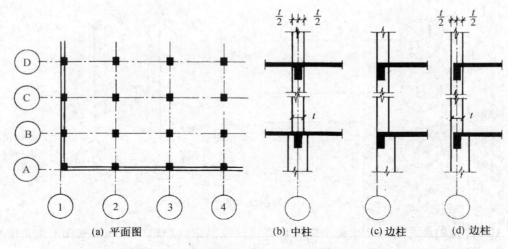

(a) 平面图   (b) 中柱   (c) 边柱   (d) 边柱

图 6-6 框架结构的柱与平面定位轴线的关系

(6)定位线是作立面、剖面设计时用来确定建筑物的层高和各结构构件在垂直方向上的位置的尺寸基准线，其原则是(图 6-7)：

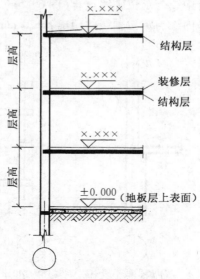

图 6-7 垂直方向上的定位线

①以首层室内地板层装修完工后的上表面为相对标高的尺寸基准，以 ±0.000 表示（±0.000 与绝对标高①之间的关系应在总平面图或首页图中加以说明）；

②中间层的定位线与楼板层装修完工后的上表面重合；

③屋顶层的定位线则与其结构层的上表面相重合。

注：①我国以青岛市附近的黄海平均海平面的高度为"0"，其他各地相对于此海平面的高差为绝对标高。

6.1.4 施工图中常用的符号

1. 标高符号

单体建筑物平面图、立面图和剖面图上的标高符号，应按图6-8所示的形式以细实线绘制。标高的数值应以米(m)为单位，一般注至小数点后三位。立面图和剖面图的标高符号的尖端应指至被注高度之处。平面图上的标高符号宜画在被注高度的平面的相应位置上。

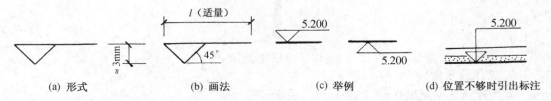

图6-8 标高符号

2. 索引符号与详图符号

(1)索引符号。在图样中用一引出线指出要画详图之处，在线的末端画一个直径为10 mm的细实线圆，并过圆心画一条水平线，然后在上半圆中用数字注明详图的编号，在下半圆中用数字表明详图所在图纸的图号(若在同一张图纸上则不必写出图号)，如图6-9a、b所示。

当所画详图不是仅仅将原图的某一局部放大，而是要将这一局部作剖切后再画成剖面详图时，可按图6-9c、d所示的方式表示。图中引出线所在的一侧为剖切后的投射方向。

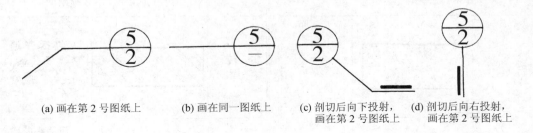

图6-9 索引符号

(2)详图符号。详图符号用一粗实线圆表示，直径为14 mm。当详图与被索引的图样不在同一张图纸内时，应用一水平细实线将圆圈分成两半，在上半圆中注明详图的编号，在下半圆中注明被索引图样的图号；如两者在同一张图纸内，只要在圆圈内注明详图的编号即可，如图6-10所示。

图6-10 详图符号

3. 指北针

指北针的形状如图6－11所示，圆的直径为24 mm，用细实线绘制，指针尾部宽度宜为3 mm，指针头部应注写"北"字或"N"字。

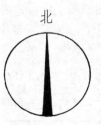

图6－11　指北针

4. 常用建筑图例

常用建筑图例见表6－1、表6－2、表6－3。

表6－1　常用建筑材料图例（摘自 GB/T 50001—2017）

名称	图　例	说　明	名称	图　例	说　明
自然土壤		包括各种自然土壤	木材		1. 上图为横断面；左上图为垫木、木砖或木龙骨 2. 下图为纵断面
夯实土壤					
砂、灰土			实心砖多孔砖		包括普通砖、多孔砖、混凝土砖等砌体
毛石			多孔材料		包括水泥珍珠岩、沥青珍珠岩、泡沫混凝土、软木、蛭石制品等
饰面砖		包括铺地砖、玻璃马赛克、陶瓷锦砖、人造大理石等	玻璃		包括平板玻璃、磨砂玻璃、夹丝玻璃、钢化玻璃、中空玻璃、夹层玻璃、镀膜玻璃等

续表6-1

名称	图 例	说 明	名称	图 例	说 明
混凝土		1. 包括各种强度等级、骨料、添加剂的混凝土 2. 在剖面图上绘制表达钢筋时，则不需绘制图例线 3. 断面图形较小，不易绘制表达图例线时，可填黑或深灰	金属		1. 包括各种金属 2. 图形小时可填黑或深灰
钢筋混凝土			防水材料		构造层次多或比例较大时采用上面的图例

表6-2 总平面图图例(摘自 GB/T 50103—2010)

名称	图 例	说 明	名称	图 例	说 明
新建建筑物		用粗实线表示与室外地坪相接处±0.00的外墙定位轮廓线	填挖边坡		
原有建筑物		用细实线表示	敞棚或敞廊		
计划扩建的预留地或建筑物		用中虚线表示	原有道路		
拆除的建筑物		用细实线表示	计划扩建的道路		
铺砌场地			常绿针叶乔木		
冷却塔(池)		应注明是冷却塔或是冷却池	落叶针叶乔木		

土建工程制图

名称	图例	说明	名称	图例	说明
水池、坑槽		也可以不涂黑	常绿阔叶乔木		
围墙及大门			落叶阔叶乔木		
挡土墙	5.00 1.50	挡土墙根据不同设计阶段需要标注：墙顶标高墙底标高	花卉		
台阶及无障碍坡道	1. 2.	1. 表示台阶(级数仅为示意) 2. 表示无障碍坡道	草坪	1. 2. 3.	1. 表示草坪 2. 表示自然草坪 3. 表示人工草坪
坐标	1. $X=105.000$ $Y=425.000$ 2. $A=131.510$ $B=278.250$	1. 表示地形测量坐标系 2. 表示自设坐标系 (坐标数字平行于建筑物标注)	竹丛		
			棕榈植物		

表6-3　常用构造及配件图例(摘自 GB/T 50104—2010)

名　称	图　例	名　称	图　例
单面开启单扇门(包括平开或单面弹簧)		单层外开平开窗	

续表 6-3

名　　称	图　　例	名　　称	图　　例
单面开启双扇门(包括平开或单面弹簧)		单层推拉窗	
双面开启单扇门(包括双面平开或双面弹簧)		固定窗	
竖向卷帘门		高窗	
楼梯	顶层 中间层 首层	上悬窗	
电梯		百叶窗	

6.2　建筑设计程序

　　建造房屋的全过程，包括编制计划任务书、选择和勘测基地、设计、施工，以及验收、交付使用等几个阶段。其中设计工作是比较关键的环节，它必须严格执行国家基本建设计划，按照建设方针和技术政策，通过建筑设计环节，把计划任务书的文字资料编

土建工程制图

制成表达房屋形象的全套图纸，并附必要的文字说明。

6.2.1 设计前的准备工作

当设计人员接受了设计任务后，首先要熟悉设计任务书，了解本设计的建筑性质、功能要求、规模大小、投资造价以及工期要求等。同时还要对影响建筑设计的有关因素进行调查研究，其主要内容有：基地情况、水文地质、气象条件、市政设施、道路交通、施工能力、材料供应，以及本地区的地震烈度等级等各个方面。

6.2.2 设计阶段

设计一般分为初步设计和施工图设计两个阶段，对大型公共建筑还应当在初步设计、施工图设计之间增加一个技术设计阶段。

1. 初步设计阶段

初步设计的内容包括初步拟定建筑物的层数、竖直交通和各层平面的功能分区等组合方式，大致设定建筑物在基地上的位置，说明设计意图，分析其合理性和可行性等。

初步设计的图纸和说明书包括：方案设计图，即各层平面图及主要立面图、剖面图，方案说明书和工程概算书等。图6-12是一栋别墅的方案设计图。根据设计任务的需要，对造型讲究的设计方案，特别是对用以参与工程设计项目竞标的设计方案，通常还需要绘制反映出该工程竣工后的直观形象的设计效果图（一种根据设计方案绘制的、经过配景润饰后的透视图），或制作建筑模型。图6-13所示是上述别墅的设计效果图。

在初步设计过程中，建筑、结构、设备等专业之间互提要求，反复磋商，力求取得各专业协调统一，为各专业的施工图设计打下基础。

2. 施工图设计阶段

施工图设计的任务主要是将初步设计的内容进一步具体化，确定结构形式，即编制满足施工要求的全套图纸，包括：

① 建筑总平面图和建筑施工总说明。详细标明基地上新旧建筑物、道路、各种设施等所在位置的尺寸、标高和必要的总说明。

② 各层建筑平面图、各立面图及必要的剖面图。分别详细标明各部位的形状、尺寸、结构形式、材料等技术要求。

③建筑构造节点详图。详细标明檐口、墙体、阳台、门窗、楼梯以及各构件的连接点和各部分的装修做法等。

④ 结构施工图。例如基础平面图与基础详图，楼板层及屋顶层结构平面图与详图，梁、柱、楼梯结构详图等。

⑤ 设备施工图。包括给水排水、采暖通风、电气照明等设备施工图。

⑥ 有关工程项目的施工总说明。包括工程名称、设计依据、尺寸单位、用料说明和通用构件配件（如勒脚、防潮层、散水、台阶、楼地面、内外墙体）的装修做法等。这些资料一般放在图册的首页上。

⑦ 除以上内容外，还附有结构及设备的计算书、工程预算书等。

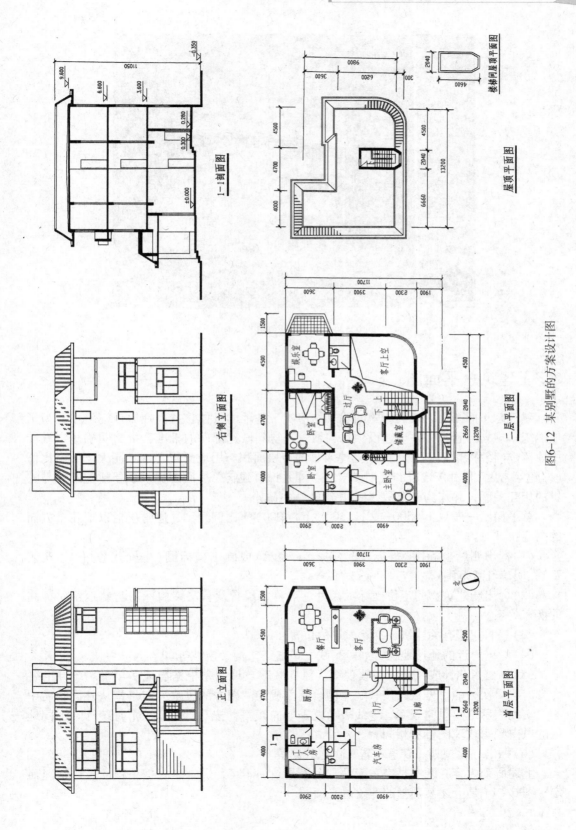

图6-12　某别墅的方案设计图

图 6 – 13　某别墅的设计效果图

6.3　建筑总平面图

　　建筑总平面图用以表明新建的建筑物落实于基地的具体位置。在城镇建设中，为了加强统一规划与管理，一切建设项目均须事先得到城建部门的批准，批文明确指定设计用地范围(俗称红线)，并表明新建建筑物的首层面积与用地面积之比不能大于某个比值(即建筑密度)和对该地段的规划要求等。即是说，建筑总平面图提供了新建建筑物与外界的相互关联，并作为施工放线时法定的文件依据。

　　总平面图一般以 1∶500(或 1∶200、1∶1000)的比例绘制，通常包括以下几个方面的内容：

　　(1)标出测量坐标网(坐标代号用 x、y 表示)或施工坐标网(坐标代号用 A、B 表示)，明确红线范围。

　　(2)标出新建筑物的定位坐标或尺寸、名称、层数及首层室内标高与基地绝对标高的换算关系。

　　(3)表明相邻有关建筑、拆除建筑的位置。

　　(4)画出附近的地形地物，如等高线、道路、水沟、土坡等。

　　(5)画出指北针或风向频率玫瑰图。风向频率玫瑰图是根据当地多年平均统计的各个方向吹风次数的百分数并按一定比例绘制而成的。图中的风吹方向是指从外面吹向中心，实线表示全年风向频率；虚线表示夏季风向频率，按 6、7、8 三个月统计。不同地区的风向频率玫瑰图各不相同。

　　(6)标出绿化规划、管道布置、供电线路等。

　　上述所列内容，既不是完美无缺，也不是缺一不可，通常是根据工程的具体情况而定。图 6 – 14 是上述某别墅的建筑总平面图。

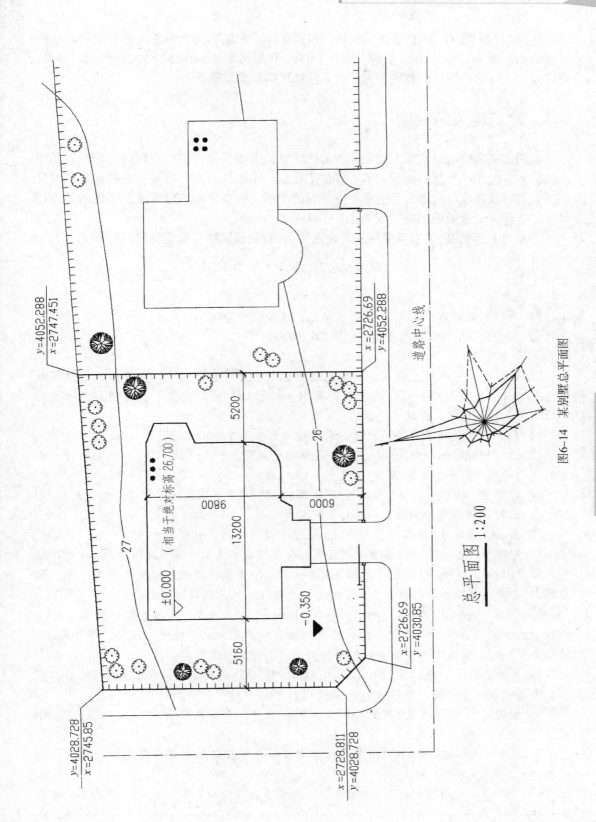

总平面图 1:200

图6—14 某别墅总平面图

从图6-14可见，该别墅坐北向南，偏西少许；用地范围由测量坐标网定位；室内首层地面标高±0.000，相当于绝对标高26.700和层高3层（图中用3个圆点表示）等等。附带说明，该图中所示的玫瑰图为广州地区的风向频率玫瑰图。

6.4 建筑施工总说明

在同一栋房屋的建筑施工图中，对某些项目，例如尺寸单位、一般构造的用料及做法等，若首先作一个总的说明，不仅省却了在每一张图纸上都作重复标注的麻烦，而且还让人们对该建筑物的施工要求有一个全面的了解，所以常在该建筑施工图册的首页用具体文字作施工总说明（通称"首页图"）。

下面为上述别墅（该别墅采用异形柱框架结构）的建筑施工总说明（节录）：

建筑施工总说明（节录）

（一）总则

（1）本设计除标高及总图以m为单位外，其余尺寸均以mm为单位。

（2）图中的±0.000相当于绝对标高26.700m。

（二）用料

1. 地板层 先将原土理平，清除腐殖土等杂物，用素土回填，分层洒水夯实至设计标高，每层厚度≤300mm；然后现浇厚80mm的C15混凝土垫层；再用厚30mm的1:2.5水泥砂浆找平。面材用料分别为：

（1）门廊及台阶铺黄灰色无釉面防滑地砖，白水泥勾缝。

（2）客厅铺600mm×600mm×20mm淡黄色花岗石，中部做由红花岗石和白大理石组成的装饰图案，式样另见详图。

2. 楼板层 在钢筋混凝土板面上用厚20mm的1:2.5水泥砂浆找平，面材用料为：

（1）过厅铺浅绿色彩釉面地砖，白水泥勾缝。

（2）卧室贴原色12厚实木复合地板，在企口处用立时得粘结剂粘贴。

3. 屋顶层 在现浇钢筋混凝土板面上纵横各扫浓水泥浆一道，再用厚30mm的1:3水泥砂浆（掺4%拒水粉）抹光，上刷冷底子油两遍，平铺合成高分子防水卷材一道，面层1:2.5水泥砂浆坐砌预制陶粒混凝土隔热砌块，纯水泥浆扢缝口。

4. 外墙 墙体厚180mm，外墙面用厚15mm的1:3水泥砂浆抹底层，面层用1:1水泥砂浆加水重20%的801胶粘贴豆绿色釉面饰砖，用白水泥砂浆勾凹缝，缝宽8mm，缝深3～5mm。对需作特别饰面处理的部位，另见有关立面图。

5. 内墙、柱 内墙体厚120mm，墙、柱面用厚15mm的1:2:6水泥石灰砂浆抹底层，表面抹石灰膏一道，再用厚2mm麻刀（或纸筋）灰抹平，砂纸打光。

6. 顶棚 用10厚1:2:6水泥石灰砂浆抹平，2厚纸筋石灰浆抹光面，涂ICI两道。

7. 勒脚 与外墙用料相同，且与外墙面齐平。但在贴釉面砖前需先在勒脚部位扫一道防水涂料，高800mm。

8. 门窗 所有门窗均参照"中南地区工程建设标准设计《建筑图集》"中的有关规定

和表6－4提出的具体要求制作。其中，铝合金门选用 70 系列门料，铝合金推拉窗选用 55 系列窗料，铝合金平开窗和固定窗等选用 50 系列窗料。所有门窗料均为深灰色，氧化镀膜 15μm 以上，镶嵌蓝色玻璃，厚 5mm。

9．其他

（1）建筑物四周做散水，散水用厚 100 mm 的 C15 混凝土做垫层，用厚 20mm 的 1∶2 水泥砂浆抹光，散水宽度 1 000mm；再在散水外用砖砌宽 240mm 的排水暗沟。

（2）建筑物所有墙体，均在室内地面以下 60mm 处做一层厚 25mm 的防水砂浆防潮层。

（3）室内墙脚除贴木地板的卧室及浴厕等已贴瓷片者外，做棕色釉面地砖踢脚线，高 100mm，凸出内墙面 8mm。

6.5　建筑平面图

建筑平面图实际上是假想用水平的剖切平面在建筑物窗台以上、窗头以下把整栋房屋剖开，移去观察者与剖切平面之间的部分后向水平投影面投射所得的正投影图，习惯上称之为平面图。

建筑平面图主要表示建筑物的平面形状，即在水平方向上房屋各部分的组合关系。由于建筑平面图能较集中地反映出建筑使用功能方面的问题，所以无论是设计制图还是施工识图，一般都是从建筑平面图入手。

一般说来，房屋有 n 层，也就要画出 $n+1$ 个平面图，分别称之为首层平面图、二层平面图……屋顶平面图（对较简单的房屋可不画出）。在多层建筑中，如果它的中部有若干层的平面布置（包括房间数量、大小分隔等）完全一样时，则这些相同的楼层可用同一个平面图去表示，称之为标准层平面图。

平面图一般以 1∶100 的比例绘制，通常包括以下几个方面的内容：

（1）用粗实线表示墙、柱的断面形状（对构造柱和框架柱应在它们的断面内涂黑），并对承重墙、柱作轴线编号。

（2）用规定符号表示出内、外门窗的位置、编号及标记出房间的名称。

（3）表明楼梯的位置及其上、下行的步级数；如有电梯则画出电梯井的符号。

（4）用中粗线表示出台阶、阳台、雨篷等构件的形状及位置。

（5）用符号表示出卫生间及厨房的洁具、案台等设备。

（6）注出楼地面、台阶、阳台等表面的建筑标高；对外墙一般由内到外标注三道尺寸：①外墙的门窗洞宽及其定位尺寸；②轴线间距尺寸；③外墙的总尺寸。对内墙的门窗洞及其他构造，也要视实际情况注出其必需的尺寸。

（7）其他，如有关详图的索引符号，以及在首层平面图上画出剖面图的剖切位置线及编号、室外地坪标高和用以表示房屋朝向的指北针等。

平面图若以 1∶50 或更大的比例绘制时，还宜用细实线表示出墙体的粉刷层，并在墙体断面内画入材料图例。平面图中常用建筑材料图例及常用构造及配件图例如前面的表 6－1 和表 6－3 所示。

6.5.1 首层平面图

图 6-15 所示是上述别墅的首层平面图，它表达了下面几个方面的内容：

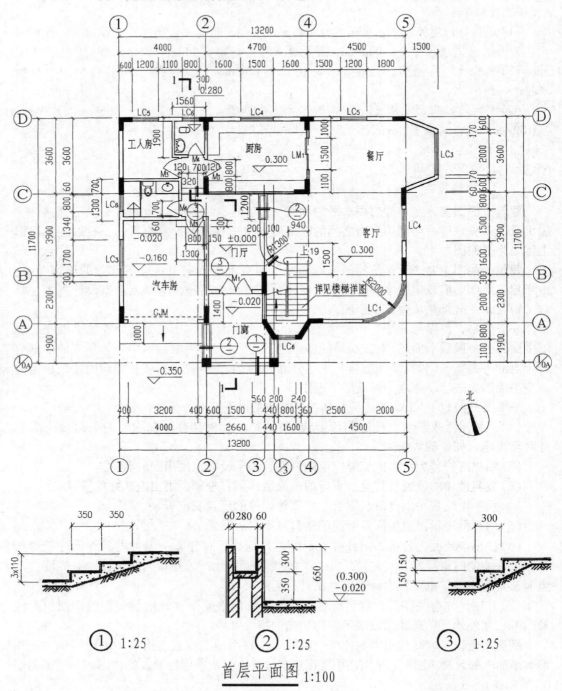

① 1:25　② 1:25　③ 1:25

首层平面图 1:100

图 6-15　某别墅首层平面图

（1）图名"<u>首层平面图</u>1:100"（规定写在图形的下方，并在图名下加画一粗实线，在其右侧用小一号或两号的数字注明该图的比例）。

（2）表明朝向的指北针。图中的指北针表明了该房屋为坐北朝南，偏西少许。

（3）该别墅东西总长 13200mm，南北总宽 11700mm。其定位轴线、编号及轴间尺寸如图中所示。

（4）该别墅所采用的是异形柱框架结构。图中涂黑的为异形柱的断面，其尺寸通常由结构施工图给出。用两条平行粗实线表示的距离为内、外围护墙的厚度，其尺寸在"建筑施工总说明"中已作统一说明。墙体中空缺的部分则为门窗洞，其大小及位置可从有关尺寸得出。在门、窗洞处还画出了门、窗图例。

（5）从前门上 3 级台阶通过门廊和门 M_1 可进入门厅（地面标高为 ±0.000），再向右转上 2 级台阶则进入客厅（标高为 0.300），客厅的后方为餐厅，其地面标高同为 0.300。由客厅通过楼梯上 19 级即可到达别墅的二楼。该别墅的首层还设有汽车房、工人房、厨房和卫生间等，其交通路线及地面标高均可从图中看出。

（6）图中的 1—1 剖切位置线表明了图 6–21"1—1 剖面图"的剖切位置及其投射方向，以便识图时相互对照。

（7）图中附有多个详图索引符号。其中①、②、③号详图均画在同一图纸上，而楼梯详图则画在后面的图 6–29～图 6–31 中。

6.5.2　二层平面图

二层平面图是假想用水平的剖切平面，在二层所属的窗台以上、窗头以下把整栋房屋剖开后向下投射所得的正投影图，但在二层平面图中对属于首层的构配件，即使没有被遮挡住，也不必把它们的投影重复画出。

图 6–16 所示是上述别墅的二层平面图。从图中可见，它表达的方式与首层平面图基本相同，所不同的是：

（1）因楼梯间的可见梯段被分成了两部分，所以画出了两个指示箭头，分别注以"下19"、"上17"。其意思是，对本别墅第二层的楼面来说，沿左边的梯段下 19 级就可到达首层地面；而沿右边的梯段上 17 级就可到达三层楼面。

（2）过厅右边双细线表示的部位是护栏。护栏外由细折线构成的符号表示护栏外是个空洞（坑槽），即该处为"客厅上空"，也就是说该处下面是首层的客厅，客厅的空间高度为两层通高，显示了该别墅的气派。

（3）在房屋的前方和右后方分别画出了雨篷和天台的投影，但不再画出属于首层的汽车房前面的坡道。

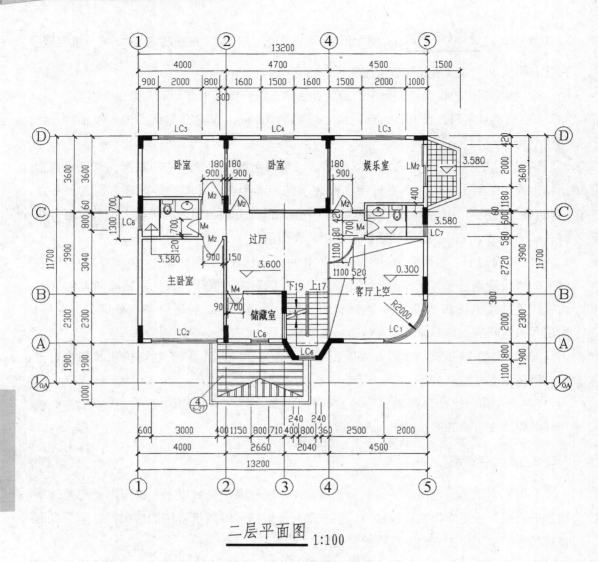

二层平面图 1:100

图 6-16　某别墅二层平面图

6.5.3　三层平面图

三层平面图是假想用水平的剖切平面，在三层所属的窗台以上、窗头以下把整幢房屋剖开后向下投射所得的正投影图，但像二层平面图那样，不再画出下方的雨篷和天台的投影，如图 6-17 所示。

从上述三个平面图可见，用框架结构建造的房屋，平面布置比较灵活，容易在一定条件下获得大小不同的空间。特别是异形柱的采用，使每个房间在放置家具时不再被传统的方柱的凸出部位所干扰。

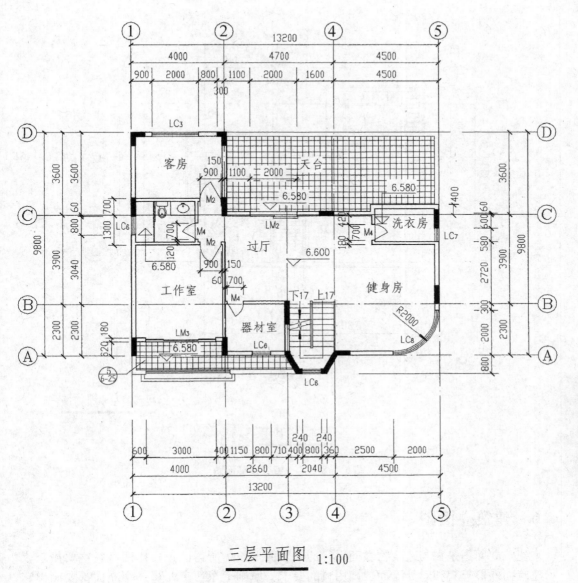

三层平面图 1:100

图 6 – 17　某别墅三层平面图

6.5.4　屋顶平面图

　　屋顶平面图是将屋面上的构配件直接向水平投影面投射所得的正投影图(有楼梯间时则需对楼梯间作水平剖切)。由于屋顶平面图通常比较简单,故常用较小的比例(如1:200)来绘制。在屋顶平面图中,一般表明:屋顶的外形,屋脊、屋檐或内外檐沟的位置,屋面排水方向(用带坡度的箭头表示)以及女儿墙、排水管和屋顶水箱、屋面出入口的设置等。

　　图 6 – 18 所示是上述别墅的屋顶平面图,图中所附的小图则是楼梯间的屋顶平面图。

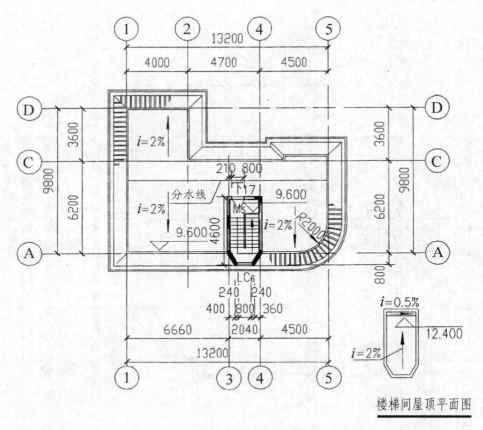

屋顶平面图 1:200

图 6-18　某别墅屋顶平面图

6.6　建筑立面图

建筑立面图是在与建筑物立面平行的投影面上投射所得的正投影图。它主要用来表示建筑物外形外貌和对外墙面装饰用料的要求。原则上东西南北每一个立面都要画出它的立面图。

通常把反映建筑物主要出入口或反映主要造型特征的立面图称为正立面图，相应地把其他各立面的立面图称为侧立面图和背立面图。但在实际工程建设中，国家标准 GB/T 50001—2017 作出了建筑立面图必须按立面图两端的轴线编号从左至右去命名的规定，如①—⑤立面图、Ⓐ—Ⓒ立面图等。

立面图一般以 1:100（也可用 1:50 或 1:200）的比例绘制，通常包括下列内容：

（1）用特粗的实线（>b）表示该建筑物的室外地坪线，而用中粗实线（0.7b）表示该建筑物的主要外形轮廓。特粗的地坪线两端伸出外形轮廓少许。

（2）用中实线（0.5b）画出门窗洞、阳台、雨篷、台阶、檐口等处的主要轮廓，再用细实线（0.25b）描绘各处细部、门窗分隔线及装饰线等。

（3）在地坪线的下方画出立面图左右两端的定位轴线及其编号，以便与平面图中的轴线及其编号相对照。

（4）对立面外表面的装饰要求作附加说明（在建筑施工总说明中已交代清楚者除外）。

（5）立面图上的高度尺寸主要用标高的形式来标注。标注标高时要注意标高有建筑标高和结构标高之分。对室外地坪、室内首层地面、各中间楼层楼面、女儿墙顶面、阳台栏杆顶面等，应标注包括装修层或粉刷层在内的完工之后的建筑标高；而对门窗洞口、屋檐、外阳台及雨篷等处的梁板的底面，一般均是指不包括粉刷层在内的结构标高。如怕产生误会，必要时可在这些标高数值的后面用括号加注"结构"二字。

（6）其他，如详图索引符号等。

立面图中常见门窗的图例如前面的表6－3所示。表中所附的门窗立面为需要表明其开启方向时的画法，当用1：100的比例画立面图，而且在"门窗表"的附图中表示了门窗的制作要求时，在立面图中一般不必再表明门窗扇的开启方向。

图6－19、图6－20分别是上述别墅的南立面图和东立面图。通过这两个图基本上获得了该别墅的造型及外墙装修的概况。由于该别墅的西立面和北立面都比较简单，其表面装修又没有别的要求，所以本教材就不再列出这两个立面图了。

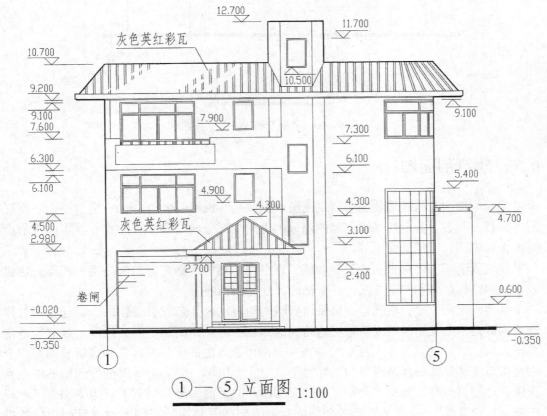

①—⑤立面图 1：100

图6－19 某别墅的①—⑤立面图

土建工程制图

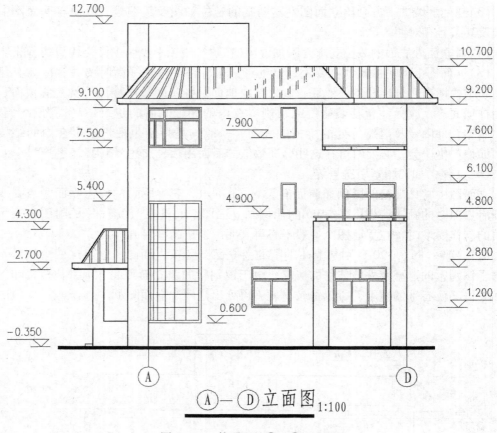

图 6 – 20　某别墅的Ⓐ—Ⓓ立面图

6.7　建筑剖面图

　　建筑剖面图是指建筑物的垂直剖面图，也就是假想用一个（或多个）竖直平面去剖切房屋，移去观察者与剖切平面之间的部分，将剩余部分向与之平行的直立投影面投射所得的正投影图，通称剖面图。

　　建筑剖面图主要用来表示房屋内部垂直空间的利用、垂直方向的高度、楼层分层以及简要的结构形式和构造方式，与平面图、立面图相呼应。

　　剖切平面的位置，应选择在房屋内部结构构造比较复杂或有变化的，而且能同时体现出内部的水平交通路线或垂直交通路线的部位。因此，剖切平面的位置一般要经过主要出入口（大门、房门）、门厅、过道或楼梯间以及各处的窗口等。一栋房屋要画多少个剖面图应视建筑物的复杂程度和实际需要而定。当用单一的剖切平面进行剖切不能达到完整表达的目的时，可用多个相互平行而又错开的平面去进行"阶梯"剖切，如图 6 – 15中的剖切位置线 1—1 所示。其中两端的投射方向线及数字所在的方位表示剖切后的投射方向，两平行剖切平面错开之处不必在所画的剖面图中作任何表示（图 6 – 21）。剖面图的编号依次用阿拉伯数字 1—1、2—2 表示。

　　剖面图一般以 1∶100 或 1∶50 的比例绘制。当用 1∶50 或更大的比例绘制时，楼地板层、屋顶层及墙体等构件的断面处，宜用细实线表示出装修层或粉刷层的厚度，并在断面上画出材料图例。

　　图 6-21 所示为以 1∶100 绘制的上述别墅的 1—1 剖面图。对照图 6-15、图 6-16等平面图，可以看出 1—1 剖面图是将建筑物剖开后向左投射所得的正投影图。其中：

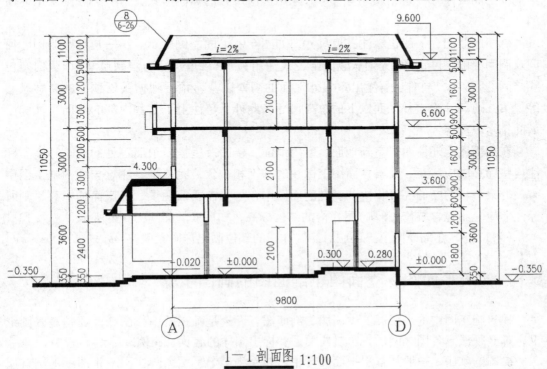

$$1—1\ 剖面图\quad 1:100$$

图 6-21　某别墅的 1—1 剖面图

　　(1)首层的地面用一条特粗的粗实线表示，其粗度相当于地面构造层的总厚度。对照图 6-15 的剖切位置线 1—1 所通过的部位可知，自左至右分别是：上三级台阶到达标高为 -0.020 的门廊，通过大门进入标高为 ±0.000 的门厅，经过两级台阶和一个房门到达卫生间。由于水平交通路线没有被隔断，所以这条地面线是连续的，且反映了各处不同的地面高度。

　　(2)由于该别墅系采用现浇的异形柱钢筋混凝土框架结构，所以图中对楼板层和屋顶层亦用粗度相当于各层构造总厚度(一般为 80～100mm)的粗实线表示出它们的空间位置(粗实线的上缘与层高的定位线重合)，并相应地画出主梁或次梁的断面(通常将断面涂黑)，附于各层的雨篷、阳台、檐头等构件的断面，亦照此办理(如果楼板层和屋顶层等不是现浇的钢筋混凝土构件，则常用两条平行的粗实线表示其厚度)。

　　(3)在各层空间中，对被剖切到的墙体，用粗实线表示出它们的断面，对剖切平面后方可观察到的构配件，通常用中实线或细实线表示，例如首层空间，自左至右依次表达了支撑雨篷的立柱、花箱、外墙面、带大门门扇门洞的墙体、内墙面、厕所门、工人房门以及另一个厕所的门洞和带窗洞窗扇的外墙等。对墙体中的门窗过梁的断面均省略不画。

(4)剖面图中的尺寸标注,除两端轴线间的水平尺寸外,其余均为与该剖面有关的构配件的高度尺寸。这些尺寸有一部分采用竖向尺寸的标注形式,另一部分则采用标高的标注形式。

外墙的竖向,一般也标注三道尺寸,如图6-21的左侧所示。第一道尺寸为门、窗洞及洞间墙的高度尺寸(分别从竖向定位线注出)。第二道尺寸为层高尺寸(即竖向定位线之间的距离),同时还需注出室内外地面的高差以及屋顶层到檐头压顶面的高度尺寸等。第三道尺寸为室外地面以上的总高尺寸。此外,还注上了某些内部的竖向尺寸和屋面的排水坡度等。

在剖面图上还注明了室外地面、室内地面、楼面及屋檐压顶面等处的建筑标高,标注这些标高时应注意,要与立面图上标注的高度相一致,尤其是要注意与结构施工图中有关的梁、板的断面高度相协调。在剖面图中,如果需要表明梁、板底面的标高,则所标注的应是不包含装修(粉刷)层在内的结构标高,如后面的图6-26等所示。

(5)此外,在剖面图上,还应对绘制详图的部位画出详图索引符号。

6.8 建筑平面图、立面图、剖面图的画图步骤

建筑施工图中的平面图、立面图、剖面图,无论是画在同一张图纸上还是多张图纸上,都必须注意各图之间的投影对应关系和标出图样的名称、比例。

绘图的顺序,一般从首层平面图开始。如果将多个平面图画在同一张图纸上则首层平面图应放在图纸的左方或下方,二层和其余各层依次画在首层的右方或上方;如果将单层房屋的平面图、立面图、剖面图画在同一张图纸上,它们之间的相互位置关系一般应保持在主、俯、左三视图的位置上。作图时一般总是待所有平面图画好后,再依次画立面图、剖面图。而具体画图时,则是首先确定尺寸基准(即定位轴线及定位线的位置),然后从主到次、从整体到局部逐步进行。下面所述是手工制图时的画图步骤

1. 平面图的画图步骤

(1)起图稿(用细实线)。

①选比例,画出定位轴线(图6-22a);

②根据墙体厚度及柱的断面尺寸画出墙体及柱的断面轮廓线(图6-22b);

③画柱的断面,再定出门窗洞的位置,画出门窗图例、楼梯平面图例和其他建筑细部(图6-22c);

④画出厨厕设备符号、尺寸界线、尺寸线、尺寸起止符号以及标高、索引符号等(图6-22d)。

(2)加深加粗图线,书写文字,检查、修改、补充未完善的地方,完成全图(见图6-15)。

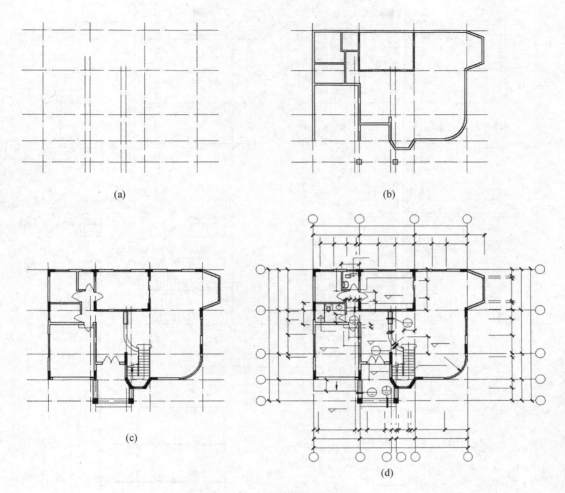

(a)

(b)

(c)

(d)

图6-22 平面图的画图步骤

2. 立面图的画图步骤

(1)起图稿(用细实线)。

①选比例,画地坪线和建筑立面的主要外形轮廓,再按层高画出各层的定位线。这些线作为各层门窗洞、阳台、雨篷等细部的尺寸基准线,用后擦掉(图6-23a);

②画门窗洞、阳台、台阶、雨篷等细部的主要轮廓(图6-23b);

③画门窗分格线、阳台栏杆、雨篷等建筑细部(图6-23c);

④画左右两端的定位轴线及标高符号等(图6-23d)。

(2)加深加粗图线,书写文字,完成全图(见图6-19)。

3. 剖面图的画图步骤

剖面图的画图步骤与立面图相仿,最后完成的剖面图见图6-21。

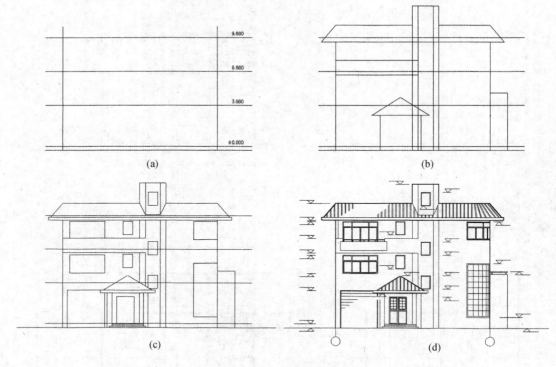

图 6 – 23　立面图的画图步骤

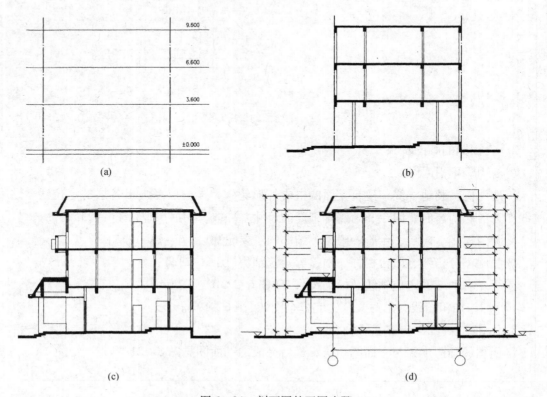

图 6 – 24　剖面图的画图步骤

6.9　建筑详图

　　建筑详图(简称详图或大样图)是建筑细部的施工图。由于建筑平、立、剖面图一般均采用较小的比例绘制,因而对某些建筑构配件及其节点的详细构造(包括式样、做法、用料和详细尺寸等)都无法表达清楚。根据施工需要而采用较大比例绘制的建筑细部的图样,通称建筑详图。它们通常作为建筑平、立、剖面图的补充。如果所要做补充的建筑构配件(如门窗作法)或节点系套用标准图或通用详图的,一般只要注明所套用图集的名称、编号或页次即可,而不必再画出它们的详图。

　　建筑详图所表示的部位,除应在相应的建筑平、立、剖面图中标注出它的索引符号外,还需在所画详图的下方(或右下方)绘制出详图符号,必要时还要写明详图的名称,以便对照查阅。图6-15"首层平面图"中所附的三个详图①、②、③,是与被索引的平面图画在同一张图纸内的例子(有关标注规则请复习图6-9、图6-10及其文字说明)。

　　一套图纸要画多少个详图应视实际情况而定,本教材仅选画若干个详图介绍它们的画法及其标注方法。由于该别墅外墙的装修做法在"建筑施工总说明"中已表示清楚,故这里不需画出其外墙详图。

6.9.1　阳台详图

　　该别墅的阳台在构造上称半凹半凸阳台,在结构上属于该别墅三层平面的一部分,因此在图6-17"三层平面图"中画出了它的投影,另外,在图6-19中表示了它的立面外形和在该别墅中所处的位置。在图6-21的"1—1剖面图"中也表示了它的剖面形状。但由于上述三个图都是采用1:100的比例绘制的,所以要另用较大的比例画出它的详图,其具体作图方法是:先在图6-17中反映为阳台的部位画出索引符号"$\frac{5}{6-25}$",表示所画详图的编号为5,画在图号为6-25的图纸上(本书以插图的序号代表图号),然后在所画详图的下方标注详图符号$\frac{5}{6-17}$,表示该详图是从图6-17上引出来的。

　　图6-25所示为该阳台的详图。它总共采用了五个图,其中有两个为用1:50的比例绘制的立面图和平面图,另外三个则是分别用1:20或1:5的比例绘制的剖面图。显然,通过这个详图的补充,就能把这个阳台的构造式样、做法、用料及尺寸等详细地表达出来了。

6.9.2　屋顶檐头节点详图

　　屋顶是房屋建筑构造中的一个重要组成部分。它在建筑物中既起水平支承作用,也起覆盖、排水、保温、隔热等作用。对于平屋面来说,最简单的构造形式是采用现浇钢筋混凝土为结构层,再在其上表面用渗入拒水粉的水泥砂浆找平。但这种屋面常因风吹、日晒、雨淋等侵蚀作用,出现翘曲、变形、龟裂而导致屋面渗漏,故对较重要建筑的屋面防水工程,至少应有一道卷材或涂膜防水层设防,或复合使用两种防水材料。图6-26中表示了该别墅的非保温单道柔性防水屋面各个构造层次的表示方法和标注方法。其中除结构层需用粗实线表示外,其余各层均用细实线表示(防水卷材用加粗的实线表示),标注时各行文字应与构造层次一一对应。

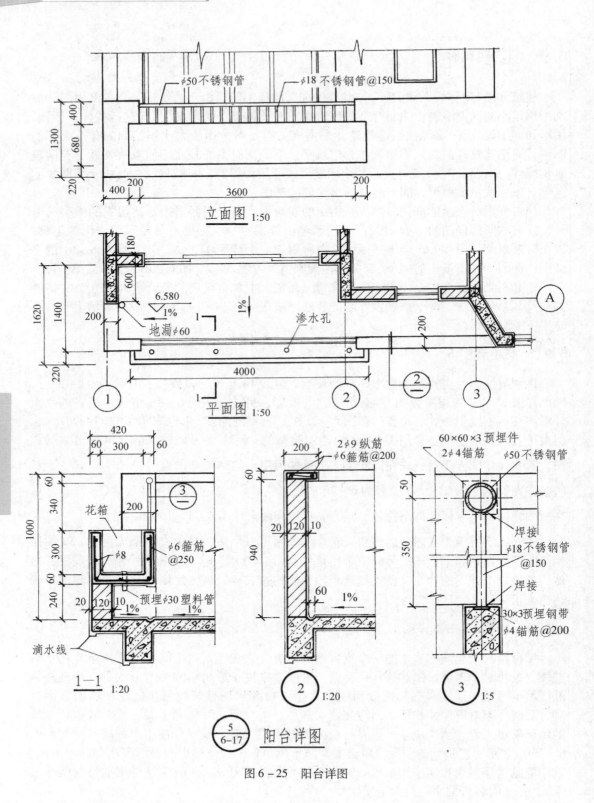

图 6-25　阳台详图

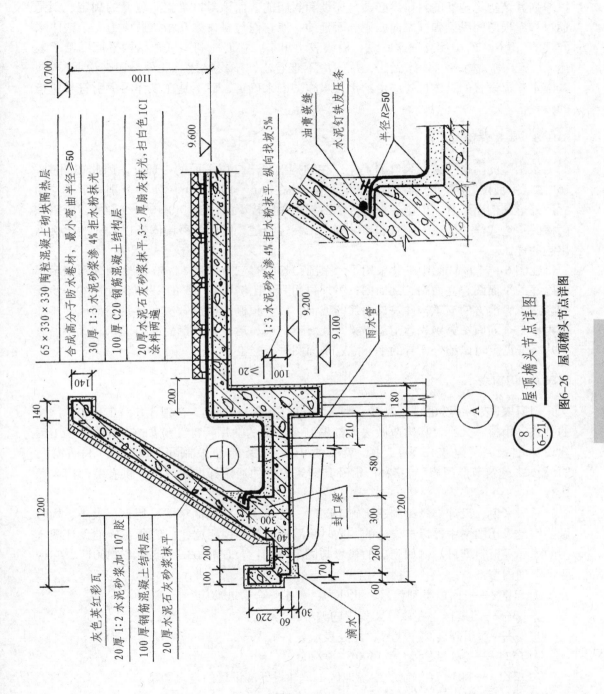

图6-26 屋顶檐头节点详图

同时，在该节点详图中还表示了檐头的做法及其雨水管道设置的位置。在这里要说明的是，由于该檐头是沿着屋顶四周而设置的(见图6-18"屋顶平面图")，所以其中用以增强其结构稳定性的封口梁必须是连续和封闭的。而该封口梁空间位置的确定，则是通过将屋顶层的纵梁和横梁向四周外面延伸，使它们与封口梁互相拉通成为一个整体来实现的(图6-26中没有把这些纵、横梁表示出来，它们应利用屋顶结构平面图给予表达)；至于檐头构造的具体做法，从图中不难看出，不再赘述。此外，还需说明的是，其雨水管道设置的具体位置应由给水排水施工图来确定，而不是在该详图索引符号所指的位置上。

6.9.3 雨篷详图

该别墅的雨篷在首层入口的上空，在结构上属于二层平面的一部分，因此在图6-16"二层平面图"中画出了它的投影，另外，还在图6-19、图6-21中分别表示了它的立面外形和剖面形状。但由于上述三个图都是采用较小的比例(1:100)绘制的，所以该雨篷的构造式样、做法、用料和尺寸等尚未表达清楚，因而要另用图纸以较大的比例画出它的详图。

在图6-27的详图中一共采用了六个图，其中有三个图用1:50的比例分别表示了该雨篷的平面图、立面图、剖面图；另外再用一个比例为1:25的2—2剖面图进一步详细表达了它前方的支承构件及该雨篷的坡面，以及顶棚的构造做法和某些细部尺寸；最后再用三个断面图分别表达雨篷横梁及其脊梁的前、后竖直支撑的断面形状和大小。有了这个详图就可以配合原有的平、立、剖面图进行施工了。

6.9.4 门窗表

门窗表(表6-4)也是对建筑平、立、剖面图的一种补充。在现代建筑工程中，门窗的型式、用料、大小及其构造做法大都编制有一定的通用标准。例如在"中南地区工程建设标准设计《建筑图集》"中，就根据有关国家标准编制了"13ZJ601 木门窗"、"15ZJ602 建筑节能门窗"等多种门窗及其建筑配件的通用标准设计图，供有关部门参照执行。

一般来说，设计部门绘制建筑施工图时，若该建筑门窗的型式、用料、大小、构造做法均是采用图集中的标准设计的，这时只需列表分别说明这些门窗所在标准设计图集中的编号等资料即可。例如列出的代号与图集号为："SHM2 03a—1524 13ZJ601"，它说明了下列内容：

① SHM2——门窗类别代号，此处为：实木复合带玻璃门；

② 03——门扇样型在该号图集中的编号；

③ a——双扇开启顺序代号，此处表示为右扇先开；

④ 1524——洞口尺寸：宽1500，高2400；

⑤ 13ZJ——2013年编制的中南地区工程建设标准设计的建筑图集；

⑥ 601——图集号，此号图集为木门窗的图集。

有了这些资料，施工部门就可向专业厂商订购或自行制作出所需的门窗了。

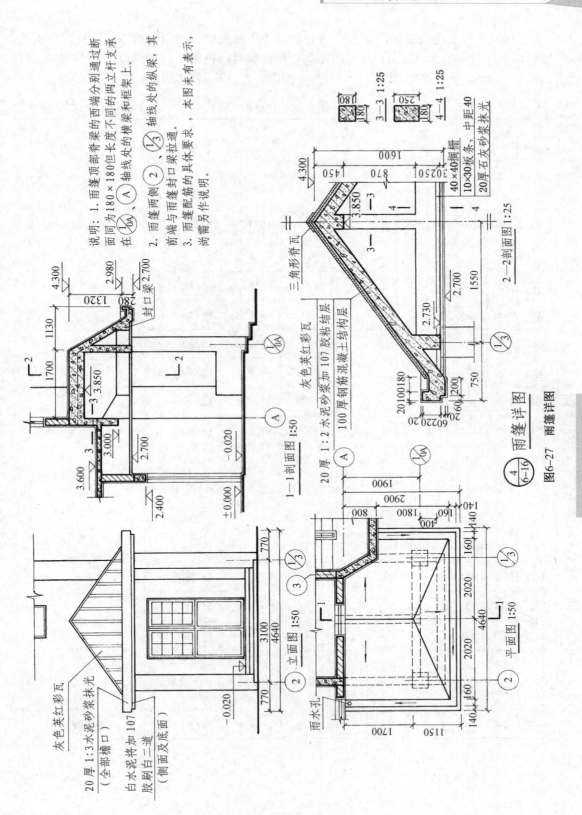

说明：1. 雨篷顶部脊梁的西端通过断面同为180×180但长度不同的两立杆框架上在⚭（A）轴线处的横梁和框架上承。

2. 雨篷两侧（2）、（⅓）前端与雨篷封口梁拉通，其轴线处的纵梁，本图未有表示。

3. 雨篷配筋的具体要求，尚需另作说明。

三角形脊瓦

灰色英红彩瓦

灰色英红彩瓦 107 胶粘结层
100 厚钢筋混凝土结构层
20 厚 1：2 水泥砂浆加 107 胶粘结层

20 厚 1：3 水泥砂浆抹光（全部檐口）
白水泥将加 107 胶刷白二道（侧面及底面）

2—2 剖面图 1:25

1—1 剖面图 1:50

⁴⁄₆₋₁₆ 雨篷详图

图6-27 雨篷详图

立面图 1:50

平面图 1:50

雨水孔

表6-4是上述别墅的门窗表。它分别表明了该别墅各层门窗的各项资料。由于该别墅中有些门窗的大小即洞口尺寸与图集中相应编号门窗所标定的洞口尺寸不相同，所以表6-4中附上了这些不相同的门窗的立面图，如图6-28所示。

表6-4　门窗表

门窗号	洞口尺寸		数　　量				代　　号	图集号	附　　注
	宽度	高度	首层	二层	三层	屋面			
M1	1500	2400	1				SHM203a-1524	13ZJ601	代号中的"2"表示镶玻门；"03"为门型编号；"a"表示该门右扇先开；15、24为洞口尺寸
M2	900	2100		4	2		SHM1 01-0921	13ZJ601	代号的意义及门型见附图
M3	800	2100	2				SHM1 01-0821	13ZJ601	
M4	700	2100	2	2	2		SHM1 01-0721	13ZJ601	
M5	800	1900				1	SHM1 01-0819	13ZJ601	
LM1	1500	2400	1				TM₁1524	15ZJ602	
LM2	2100	2400		1	1		TM₁2124	15ZJ602	
LM3	3000	2700			1		TM₂3027	15ZJ602	
LC1	3000	4800	1				立面见图6-28，用50系列窗料制作		深灰色型材，蓝色玻璃，厚5mm
LC2	3000	1600		1			TC₁3016	15ZJ602	
LC3	2000	1600	2	2	1		TC₁2016	15ZJ602	
LC4	1500	1600	2	1			TC₁1516	15ZJ602	
LC5	1200	1600	2				TC₁1216	15ZJ602	
LC6	800	1200	3	3	3	1	GC0812	15ZJ602	
LC7	580	1200		1	1		用50系列窗料制作，平开窗		
LC8	3000	1600			1				
GJM	3200	3330	1					15ZJ611	钢卷闸门

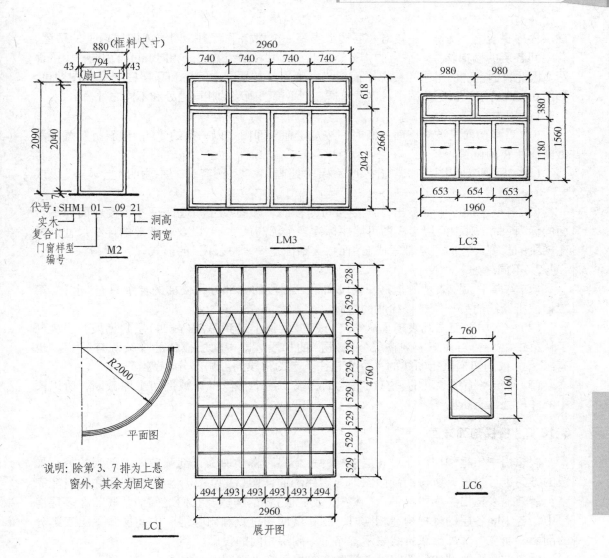

图6-28 门窗立面图(部分摘录)

6.10 楼梯详图

楼梯是房屋建筑中另外一个重要的组成部分,其构造形式、用料做法多种多样。该别墅的楼梯是最常见的一种现浇钢筋混凝土双跑平行楼梯,它主要由楼梯梯段和楼梯平台两部分组成。

此种楼梯详图一般包括平面图、剖面图及踏步、栏杆(或栏板)详图等,绘图时尽可能把它们画在同一张图纸上。

6.10.1 楼梯平面图

楼梯平面图的剖切位置,一般选择通过该层楼梯间的窗洞(没有窗洞时通常选择在该层楼梯平台之下方）。一般每一层楼都要画一个楼梯平面图。四层或四层以上的房屋，若中间各层的楼梯梯段和平台的构造、形状、尺寸和步级数完全相同，可合用同一个平面图。因此，通常一栋房屋的楼梯平面图只需画出其首层、中间层和顶层三个平面图即可，如图 6-29 所示。从这些图中可以看出这三个平面图画法的相同之处和不同之处。

1. 相同之处

（1）当楼梯梯段被剖切面截断时，按规定在平面图中以一条约 30°的倾斜折断线表示截断面所在的位置。

（2）为了便于识图，通常还在每一梯段处画出一个长箭头，并注明"上××"级或"下××"级。

（3）各层平面图中都标出了该楼梯间的轴线、开间尺寸和进深尺寸、楼地面和平台面的标高尺寸（对中间层平面图可能要标注多个标高尺寸），以及各细部的详细尺寸。标注梯段的长度尺寸时通常都写成"踏面数×踏面宽度＝总长度"的形式。

2. 不同之处

（1）首层平面图表现的是第一梯段和第二梯段的一部分，楼梯的梯级只有"上"。第二梯段折断线的另一侧是楼梯底的空间。

（2）中间层平面图既表现了从第二（或三）层往上走到第三（或四）层的梯段，也表现了从第二（或三）层往下走到首层（或二层）的梯段。即中间层楼梯的梯级既有"上"，也有"下"。被剖切梯段折断线的另一侧是往下走的梯段的可见部分。

（3）顶层平面图表现的只有往下走的梯段，这个梯段没有被剖切平面截断，所以图中的梯段处没有折断线。

6.10.2　楼梯剖面详图

假想用一铅垂剖切面通过各层楼梯的一个梯段将楼梯竖直剖开，向未剖到的另一梯段的方向进行投射，所得的剖面图即为楼梯剖面详图（图 6-30）。楼梯剖面详图应能完整、清晰地表达出各梯段、平台、栏杆（或栏板）等的构造及它们之间的关联。在多层房屋中，若中间各层的楼梯构造相同时，则其剖面图可只画出首层、中间层和顶层三部分的剖面，而在中部画出双折线表示省略了中间层相同的投影。

楼梯剖面图的剖切位置线通常标注在首层楼梯平面图中，如图 6-29 所示。

在楼梯剖面图中应注明首层地面、各层楼面和各个平台面的标高尺寸（将被省略层的标高加括号表示）和各梯段、栏杆的高度尺寸。标注梯段的高度尺寸时通常亦写成"步级数×踢面高度＝总高度"的形式。在这里要注意，同一楼层间两个梯段总高度之和应等于该层的层高，如有积累误差应予以消除。同时，同一梯段在剖面图中的"步级数"与在平面图中的"踏面数"是不相等的，后者是将前者减去 1。栏杆的高度，根据中南地区工程建设标准设计——建筑图集 11ZJ401 的规定，是指从踏面的前缘至该竖直位置上的扶手顶面之间的距离，一般为≥900mm。

6.10.3　楼梯细部详图

有了上述这些详图，显然对建筑平面图、立面图、剖面图中的楼梯部分做了很好的补充，但还是有一些细部的做法仍未能详尽地表达清楚，例如踏步的表面装修处理和栏杆扶手的做法等。图 6-31 以更大的比例画出了踏步、表面装修处理的细部详图。

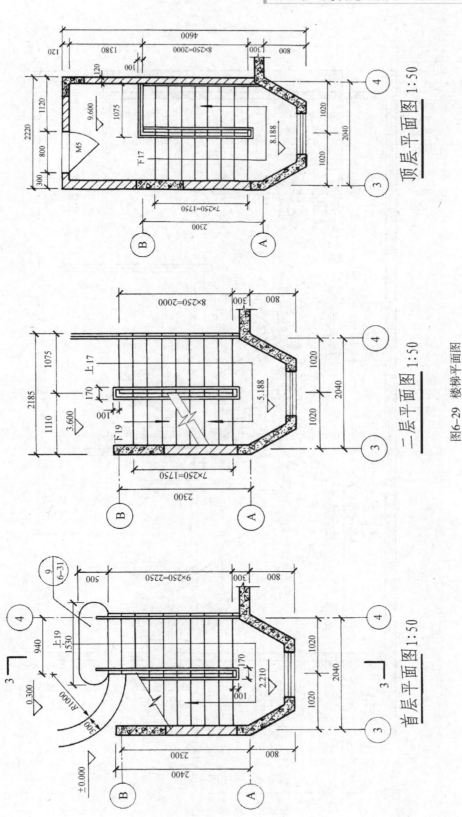

顶层平面图 1:50

二层平面图 1:50

首层平面图 1:50

图6-29 楼梯平面图

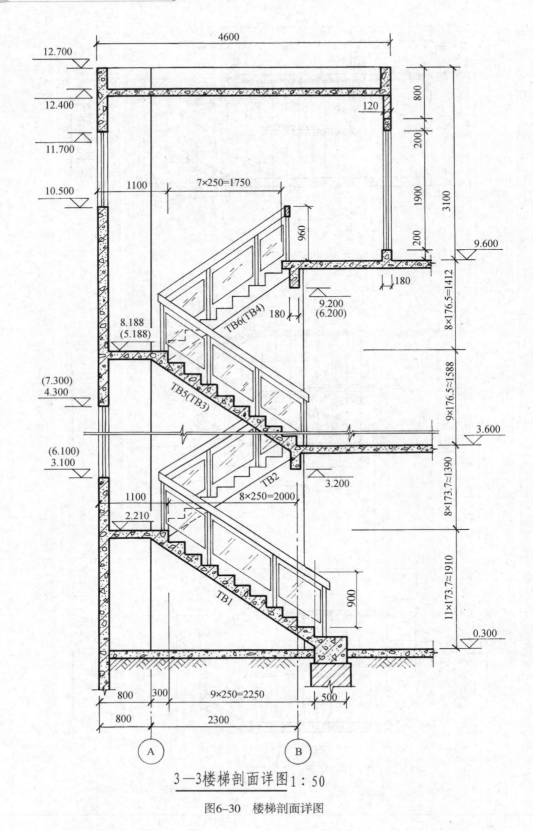

3—3楼梯剖面详图1：50

图6-30　楼梯剖面详图

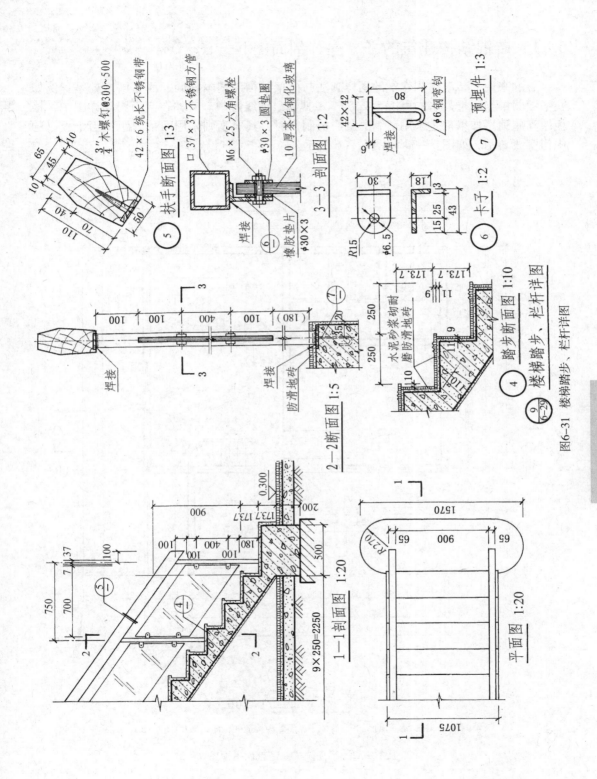

图6-31 楼梯踏步、栏杆详图

6.11 砖混结构建筑的平、立、剖面图和详图

总的来说，砖混结构建筑的图样画法与框架结构图基本相同，而不同之处是：例如在平面图中当承重外墙的厚度为240mm，其编号轴线居中。又如在剖面图和详图中，楼板层和屋顶层如果都是采用预制的空心板制作时，其厚度则采用两条间距相当于板厚的中粗实线表示，如图6-34和图6-36所示。

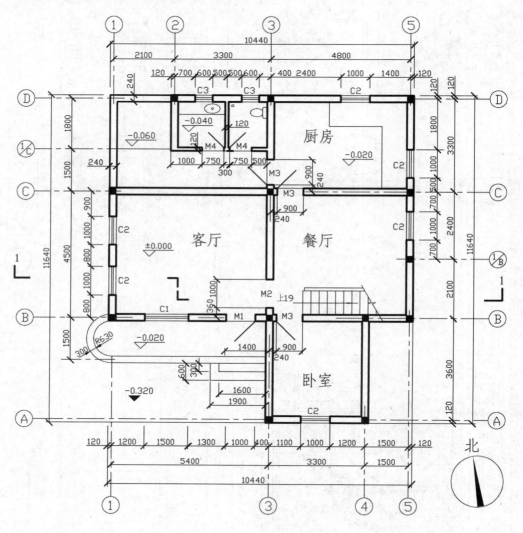

首层平面图 1:100

注：承重墙厚240，墙体中涂黑处为构造柱，详见第7章图7-12。

图6-32 某独院式住宅首层平面图

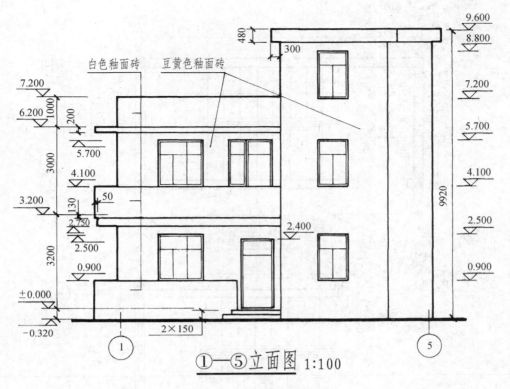

白色釉面砖　豆黄色釉面砖

①—⑤立面图 1:100

图 6 – 33　某独院式正立面图

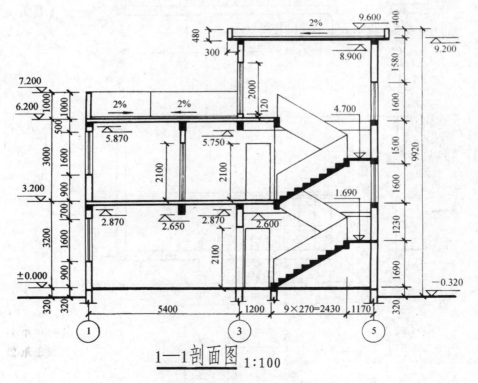

1—1剖面图 1:100

图 6 – 34　某独院式住宅 1—1 剖面图

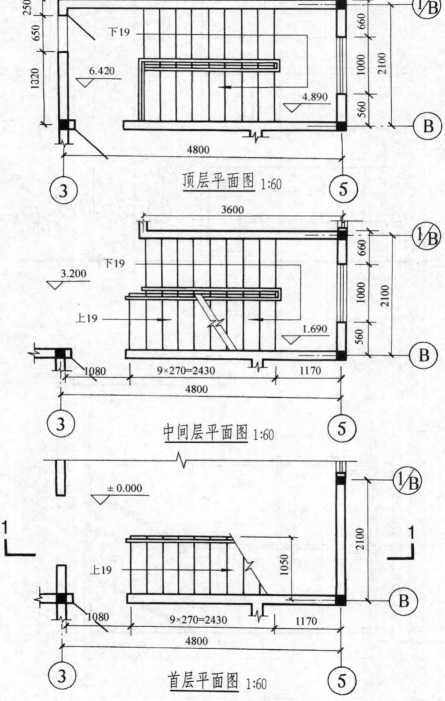

顶层平面图 1:60

中间层平面图 1:60

首层平面图 1:60

图 6－35　楼梯平面图

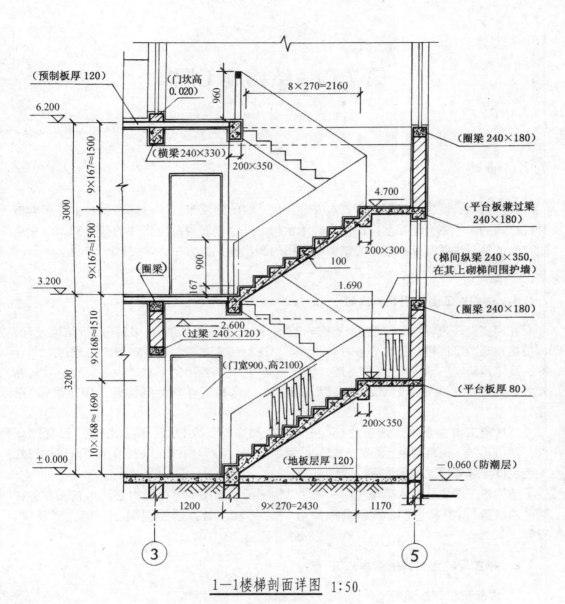

1—1楼梯剖面详图 1:50

图6-36 某独院式住宅1—1剖面图

注：①图中带括号的文字是给初学者识图用的，实际绘图时不必注出。

②根据行业传统惯例，虽然楼梯栏杆是通透的，但仍应将其后方的构件视为不可见而画成虚线或省略不画。

③本图中的楼梯栏杆采用了简化画法。

第7章 结构施工图

7.1 概述

建造房屋,既要求适用,更要求安全。从结构的角度来说,一栋房屋是由许多承重构件组成的。本章介绍目前广泛使用的承重构件——钢筋混凝土构件的基本知识,并通过典型的例子说明基础、楼层等结构施工图的画法和识读方法。学习时凡涉及上一章的相关内容应结合起来阅读。

7.1.1 结构施工图的用途和内涵

在房屋设计过程中除了要进行建筑设计,画出建筑施工图外,还要进行结构设计,即根据建筑造型抗震、排水等各方面的要求,进行结构选型和构件布置,再通过力学计算,确定建筑物各承重构件(如基础、墙柱、梁板、屋架等)的形状、大小、材料及其相互关系,并将这些结果绘成图样,以指导施工,这种图样称为结构施工图,简称"结施"。

结构施工图主要用作施工放线、挖基坑、做基础、支模板、绑扎钢筋、设置预埋件、预留孔洞、浇筑混凝土(或安装预制的梁、板、柱)等构件,以及编制预算和进行施工组织设计等各项工作的依据。

结构施工图主要有基础施工图、楼层结构平面布置图、屋顶结构平面布置图和各种构件的结构详图等。建筑物承重构件所用的材料,则有钢筋混凝土、钢、木及砖、石等。

7.1.2 钢筋混凝土结构的基本知识

1. 混凝土、钢筋混凝土

混凝土是由水泥、砂、石子和水按一定比例混合搅拌成胶状,再把它浇入定形模板或铺筑在固定的基面上,经过振捣密实和凝固养护后而形成坚硬如石的建筑材料。混凝土的抗压强度较高,但抗拉强度较低,所以混凝土很容易因受拉、受弯而断裂。

为了提高混凝土的抗拉、抗弯性能,在混凝土的受拉、受弯区域或有关部位内配置一定数量的钢筋,令两种材料粘结成一个整体,共同承受外力。这种配有钢筋的混凝土,称为钢筋混凝土。

2. 钢筋混凝土构件及预应力钢筋混凝土构件

用钢筋混凝土浇制而成的梁、板、柱、基础等构件,称为钢筋混凝土构件。其中,在工地现场浇制的称为现浇钢筋混凝土构件;在现场以外预先制作好,然后运到现场安装的则称为预制钢筋混凝土构件。

此外，为了提高同等条件下构件的抗拉和抗裂性能，在浇制钢筋混凝土时，预先给钢筋施加一定的拉力，在这种情况下，混凝土凝固后由于受张拉钢筋的反作用而预先承受了一定的压应力，我们把这类通过张拉钢筋或其他方法建立预加应力的混凝土构件称为预应力钢筋混凝土构件。

3. 混凝土强度等级

混凝土按其抗压强度的不同分为不同的强度等级。根据《GB/T 50107—2010 混凝土强度检验评定标准》(2015 年版)的规定，混凝土强度等级有 C15、C20、C25、C30、C35、C40、C45、C50、C55、C60、C65、C70、C75、C80 十四级。这些等级的给定是以边长为 150mm 的混凝土立方体试件，在(20±3)℃的温度和相对湿度 90% 以上的空气中养护 28 天时进行抗压强度测试后所得的数值为依据的。例如当测得的强度标准值为 20MPa 时，混凝土的强度等级为 C20。等级数值愈大，表示混凝土的抗压强度愈高。

4. 钢筋的种类和等级

在《GB 50010—2010 钢筋混凝土结构设计规范》(以下简称《规范》)中，对国产的建筑用热轧钢筋，按其产品种类、强度值等级和直径范围的不同，分别给予不同的符号表示，以便标注及识别，如表 7 – 1 所示。

表 7 – 1　钢筋种类、代表符号和直径范围

牌号	符号	公称直径 d （mm）	抗屈服强度 f_{yk} （N/mm^2）	备注
HPB300	ϕ	6～14	300	热轧光圆钢筋
HRB335	ϕ	6～14	335	热轧带肋钢筋 细晶粒带肋钢筋
HRB400 HRBF400 RRB400	ϕ ϕ^F ϕ^R	6～50	400	热轧带肋钢筋 细晶粒带肋钢筋 余热处理钢筋
HRB500 HRBF500	ϕ ϕ^F	6～50	500	热轧带肋钢筋 细晶粒带肋钢筋

表 7 – 1 中的 HRB 为热轧带肋钢筋的牌号，其中 H、R、B 分别为热轧(hot rolled)、带肋(ribbed)、钢筋(bars)三个词的英文首位字母。同样，HPB 为热轧光圆钢筋、RRB 为余热处理钢筋、HRBF 为细晶粒带肋钢筋的牌号。最常用的钢筋是热轧光圆钢筋(俗称

圆钢）和热轧带肋钢筋（俗称螺纹钢）。工程上常将直径为 6mm、8mm 的圆钢用作箍筋。

建筑工程常用的钢筋按其表面形状可分为光圆钢筋和变形钢筋两种，其中变形钢筋按其表面形状又可分为螺旋纹钢筋、人字纹钢筋和月牙纹钢筋，如图 7 - 1 所示。我国以往长期采用螺旋纹和人字纹两种形状的钢筋，由于这两种钢筋消耗于肋纹的钢材较多，且纵横肋纹相交，容易造成应力集中，故近几年多采用月牙纹钢筋。

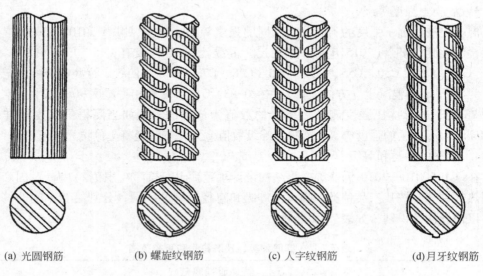

| (a) 光圆钢筋 | (b) 螺旋纹钢筋 | (c) 人字纹钢筋 | (d) 月牙纹钢筋 |

图 7 - 1 钢筋的表面形状

5. 钢筋在构件中的作用和名称

如图 7 - 2 所示，按钢筋在构件中所起作用的不同，其名称也不同，可分为：

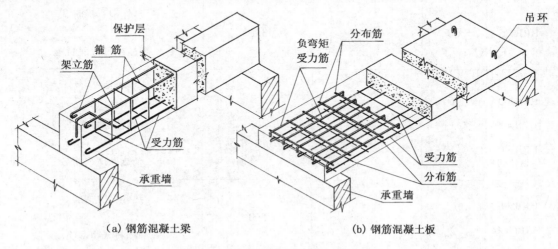

(a) 钢筋混凝土梁   (b) 钢筋混凝土板

图 7 - 2 钢筋在构件中的作用和名称

（1）受力筋：构件中主要承受拉应力的钢筋。在受弯与偏心受压的构件中，有时亦用它来协助混凝土承受压应力。在梁、板中通常是配置在底层的直筋和端部的负弯矩钢筋或弯起钢筋的弯筋；在柱中为分布在四周的竖直钢筋。

（2）箍筋：构件中用来固定受力筋位置的钢筋。多用于梁和柱内，它们也同时承受一定的剪力和扭力（斜拉应力）。

（3）架立筋：用以固定梁内箍筋位置的钢筋。它与受力筋、箍筋一起构成梁内的钢筋骨架。

（4）分布筋：用以固定板内受力筋的位置的钢筋，其方向通常与受力筋垂直，与受力筋一起构成板内的钢筋骨架。

（5）构造筋：因构造上的要求或施工安装的需要而配置的钢筋。如混凝土结构梁中的纵向构造钢筋（俗称腰筋）、预埋锚固筋、吊环等。架立筋和分布筋也属于构造筋。

6. 钢筋的弯钩和保护层

为了加强钢筋对混凝土的粘结力，防止钢筋在受拉时滑动，纵向受拉钢筋的末端应做成弯钩。根据《GB/T 50010—2010 混凝土结构设计规范》（2015 年版）的规定，弯钩的形式，有 90°弯钩和 135°弯钩等，如图 7 - 3 所示。在这种情况下，制作弯钩的用料长度，前者约为 13.14d，后者约为 7.71d。

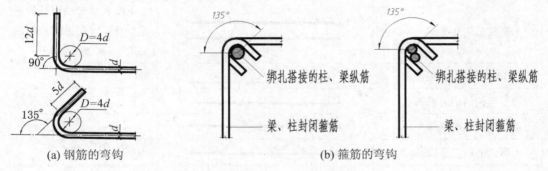

(a) 钢筋的弯钩   (b) 箍筋的弯钩

图 7 - 3 钢筋和箍筋的弯钩

为了保护钢筋（防腐蚀、防火）和保证钢筋与混凝土之间的粘结力，最外层钢筋的外缘至构件表面应有一定的距离，这个距离之间的混凝土层叫作保护层（图 7 - 2a）。按《混凝土结构设计规范》的规定，保护层的最小厚度如表 7 - 2 所示。

表 7 - 2　钢筋混凝土构件的保护层　　　　mm

环境类别	板、墙、壳	梁、柱、杆
一	15	20
二 a	20	25
二 b	25	35
三 a	30	40
三 b	40	50

注：环境类别是指该混凝土构件所处环境有无受到有害气体侵袭或物质污染的状况和程度。

7. 钢筋混凝土结构图的图示特点

为了突出表达钢筋混凝土构件内部钢筋的配置情况，投影作图时，规定将混凝土视为透明体并用中实线表示出该构件的外形轮廓，然后用粗实线表示配筋的所在。这种用来表示构件内部钢筋配置的详图，通称配筋图。在传统的设计制图方法中，梁、柱的配筋图一般只画一个立面图和若干个断面图即可。在断面图中被剖断的钢筋用粗圆点表示，其余未剖到的钢筋仍画成粗实线，并规定不画钢筋混凝土的材料图例（见图 7 - 9、图 7 - 10）。

在配筋图中，为了清楚地表示出有无弯钩及它们相互搭接等情况，可按表 7 - 3 所列的规定方法处理。

表 7 - 3　配筋图中钢筋的表示方法（摘录自 GB/T 50105—2010）

名　称	图　例	说　明
无弯钩的钢筋端部		下图表示长短钢筋投影重叠时，可在短钢筋的端部用 45° 短画线表示
带 135° 弯钩的钢筋端部		
带直弯钩的钢筋端部		
带丝扣的钢筋端部		
无弯钩的钢筋搭接		
带半圆弯钩的钢筋搭接		
带直弯钩的钢筋搭接		
预应力钢筋或钢铰线		用粗双点画线
预应力钢筋的横断面	+	粗十字

7.2　基础施工图

基础施工图是指建筑物地面以下、地基之上基础部分的平面布置和详细构造的图样。它是施工时在基地上放线、开挖基坑和做基础的依据。基础施工图通常包括基础平面图和基础详图。

基础的形式根据上部承重结构的型式、地基的岩土类别和性状，以及施工条件等综合考虑来确定。一般低层建筑常用的基础形式有扩展基础和桩基础。扩展基础又可分为（墙下）条形基础和（柱下）独立基础。

7.2.1 条形基础图

1. 条形基础平面图

条形基础平面图是表示条形基坑开挖后未回填时的基础平面布置的图样。图7－4所示为最常见的条形基础的一种构造形式，其中，条形基坑的宽度即为基础下部垫层的宽度。

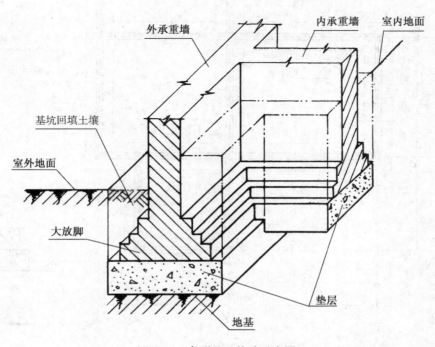

图7－4 条形基础构造示意图

图7－5是第6章图6－32等所示的某独院式砖混结构住宅的条形基础平面图。由于该住宅的上部采用砖墙承重，基础沿墙身设置，所以做成了长条形。在该图中用粗实线画出了基础墙的断面并作轴线编号，再用中实线表示要开挖的基坑。根据建筑构造的要求，为了降低基础不均匀沉降的可能性和提高建筑物的抗震能力，可在大放脚的上面设置基础圈梁，必要时在墙体转角等处设置构造柱。这两种构造在1：100的基础平面图中分别用粗单点长画线和涂黑表示（涂黑处为构造柱）。至于基础的其他细部，一般都可省略不画，因为这些细部形状将具体反映在基础详图中。

在条形基础平面图中必须标注出基础墙轴线定位尺寸、基础墙的宽度和基坑的宽度及其定位尺寸。这些尺寸可直接标注在基础平面图中，也可以用文字加以说明。此外，由于对每一种不同的基础，都要画出它的断面图（即基础详图），所以在基础平面图中还要依次用剖切符号表明各个断面的剖切位置。

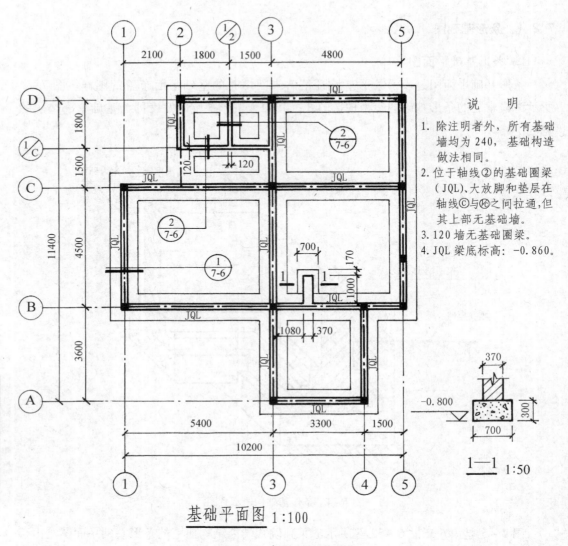

说　明

1. 除注明者外，所有基础墙均为240，基础构造做法相同。
2. 位于轴线②的基础圈梁（JQL）、大放脚和垫层在轴线ⓒ与ⓓ之间拉通，但其上部无基础墙。
3. 120墙无基础圈梁。
4. JQL梁底标高：-0.860。

基础平面图 1:100

图7-5　条形基础平面图

2. 条形基础详图

由于基础平面图只表明了基础的平面布置，而基础各组成部分的形状、大小、材料、做法以及基础的埋置深度等尚没有表达出来，所以还需要画出它的基础详图。

基础详图一般采用垂直断面图来表示。图7-6为该住宅承重墙的基础（包括基础圈梁）详图。该承重墙的基础是三合土基础，适用于低层建筑。基础应埋置在地下水位以上，垫层用石灰、砂、碎砖（或石子）按1∶3∶6（体积比）构筑，分层捣实，每层约虚铺220mm，夯至150mm，总厚度300mm。由于各条形基础的断面形状和做法是相类似的，所以往往只画出一个通用的断面图，再附上一个尺寸表，列出各个不同断面的尺寸大小就可以了。

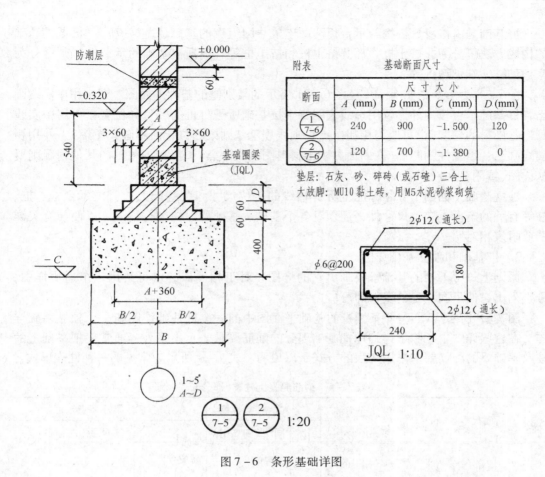

附表		基础断面尺寸		
断面	尺寸大小			
	A (mm)	B (mm)	C (mm)	D (mm)
$\frac{1}{7-6}$	240	900	-1.500	120
$\frac{2}{7-6}$	120	700	-1.380	0

垫层: 石灰、砂、碎砖 (或石碴) 三合土
大放脚: MU10 黏土砖, 用M5水泥砂浆砌筑

图 7-6 条形基础详图

7.2.2 独立基础和桩基础

1. 独立基础和桩基础平面图

独立基础是柱下基础的基本形式 (图 7-7a)。根据基础形式的不同, 可分为阶梯基础、锥形基础、杯形基础等。

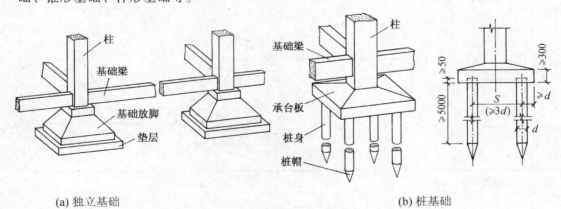

(a) 独立基础   (b) 桩基础

图 7-7 独立基础和桩基础的常见形式

土建工程制图

桩基础是由桩身、桩帽与承台板两两连接共同组成的基础（图7-7b）。根据桩基础的构成方法可分为非挤土桩、部分挤土桩和挤土桩等。根据桩基础的承载性状则可分为摩擦型桩、端承型桩等。

图7-8为第6章图6-12至图6-31所示的某别墅的基础平面图。图中用中实线画出各桩基础承台板的外形及用虚线表明每个桩基础所需打桩的数目和位置；再用中实线画出基础梁的轮廓（也可改为用粗单点长画线表示基础梁的位置而不画其轮廓），并用粗实线画出各承重柱的断面（在断面内画出材料图例或涂黑）。至于桩基础的其他情况则要从详图（或附表）中了解。

独立基础平面图中除须标注全所有轴线的定位尺寸和各基础大放脚或承台板、桩、柱等有关的定形、定位尺寸外，还须对各个基础、基础梁、柱进行编号，以便与有关详图或附表相对照。

2. 桩基础和独立基础详图

原则上每个不同的基础都要画出它的详图，对于相类似的也可共用一个通用详图，分别列出它们不同之处的资料即可。

图7-9所示为图7-8某别墅的基础平面图中的一个桩基础详图和一个独立基础详图。在这些详图中，除了详细地把基础部分的配筋要求表示出来外，通常还把基础上的柱及基础梁的配筋要求采用列表的方式予以说明。表7-4所示为常见的一种柱表形式。

表7-4 钢筋混凝土柱表（部分）

柱号	断面尺寸（mm）					纵向受力筋（条数×直径）		柱身箍筋				梁柱节点箍筋			
								直径	间距（中～中）		加密区高度 S	直径	间距（中～中）		
	a	b	c	d	e	①	②		③密筋	④非密筋			⑤	⑥	⑦
Z1	600	180	600			12 ϕ 20		ϕ 6	100	200	700				
Z2	600	180	600			12 ϕ 20		ϕ 6	100	200	700				
⋮															
Z9	800	180	450	240	600	11 ϕ 20	8 ϕ 18	ϕ 6	100	200	800				
Z10	400	400				4 ϕ 20		ϕ 6	100	200	700				

断面形状：

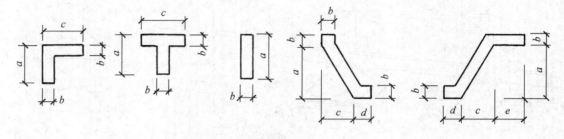

注：混凝土强度等级：C20

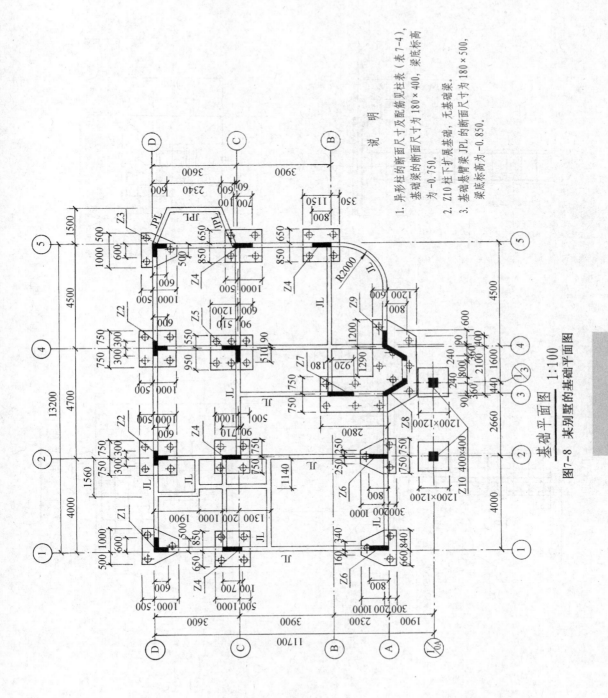

基础平面图 1:100

图7-8 某别墅的基础平面图

说　明

1. 异形柱的断面尺寸及配筋见柱表（表7-4），基础梁的断面尺寸为 180×400，梁底标高为 -0.750。

2. Z10柱下扩展基础，无基础梁。

3. 基础悬臂梁 JPL 的断面尺寸为 180×500，梁底标高为 -0.850。

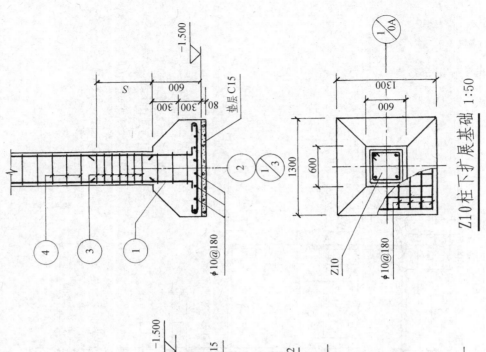

图7-9 独立基础详图

7.3 楼层结构平面图

楼层结构平面图是假想沿楼板面将房屋水平剖开后所作的楼层结构的水平投影，是用来表示建筑物室内地面以上各层平面承重构件布置的图样。在多层建筑中，原则上每一层都要画出它的结构平面图，但当首层地面直接做在地基上(无地下室及架空层)时，因室内地面的做法、用料已在"施工总说明"及有关详图中表明，故无须再画首层结构平面图。

本教材以两种不同结构的房屋为例，分别说明传统的楼层结构平面图的画法。

7.3.1 装配式砖混结构的楼层结构平面图

所谓装配式砖混结构，泛指承重墙体为砖墙，楼层和屋顶为钢筋混凝土梁板的建筑。在这种建筑中，除圈梁和某些构件(包括地震裂度 8 度及以上地区必须设置的构造柱)须采用现浇外，其楼层和屋顶结构、门窗过梁等均用预制梁板装配而成。

为了便于说明，下面先介绍关于现浇梁、圈梁、构造柱和预制板的一般知识。

1. 现浇梁

图 7－10 是图 7－14 装配式砖混结构住宅的二层结构平面图中所示的现浇"简支梁"L3 的结构详图，它由立面图、断面图和钢筋详图三部分组成。从该图可知，该梁的跨度为 4500mm，两端支承在轴线号为 B、C 的承重墙体上，由于该梁的两端在轴线外尚各有120mm 的长度，故该梁的全长实为 4740mm。又从该梁的断面图可知，该梁为 240mm ×400mm 的矩形梁，在梁的底部总共配置了三条受力筋(据 1—1 断面图)，但在 2—2 断面图中，中间的②号筋"跑"到了梁的顶部，于是结合立面图和钢筋详图以及表 7－1 可得出结论：

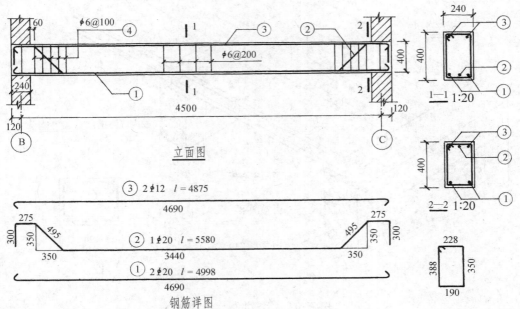

图 7－10 钢筋混凝土梁结构详图

（1）①号筋为两条位于梁底部通长的、直径为 20 mm，而且两端带弯钩的 HRB335 热轧带肋钢筋。其下料尺寸 $l = 4998$ mm（含两个弯钩长度 $2 \times 7.71d$，d 为钢筋直径），净长 $= 4500$ mm $+ 2 \times 120$ mm 再减去两端的保护层（厚度）各 25 mm，等于 4690 mm。

（2）②号筋位于两条①号筋的中间，亦为直径 20 mm 的 HRB335 热轧带肋钢筋，但此钢筋的两端作 45° 弯起，弯起后在离内墙面 60 mm 处又折平伸入墙体，而后再在离外墙面一个保护层厚度（25 mm）处折向梁的底部，折后端部不再作弯钩，下料尺寸 $l = 5580$ mm，各折点之间的长度分别用数字注明，如图中的详图所示。

（3）在梁的顶部配置有两条直径为 12 mm 的架立筋（③号筋）。它们与受力筋一起，每隔 200 mm（两端加密每隔 100 mm）用直径为 6 mm 的箍筋（④号筋）绑成钢筋骨架。这两条架立筋也是 HRB335 热轧带肋钢筋，其箍筋则是 HPB300 热轧光圆钢筋。

在钢筋详图中，受力筋的长度和弯起钢筋的弯起高度，通常是指外缘至外缘的尺寸；而箍筋的制作尺寸则是指它的内缘至内缘的尺寸。

2. 圈梁

钢筋混凝土圈梁是现浇的均匀地"卧"在墙体上的闭合混凝土构件（图 7-11）。它的作用是加强砖墙的整体性和刚度。圈梁的位置应尽可能地接近楼板，梁宽通常不小于 240mm 或与墙厚相同；梁高不应小于 120mm，一般为砖块厚度的整数倍如 180mm、240mm。在地震裂度 8 度及以上的地区，宜将外墙圈梁的外沿加高使断面呈"L"形，以防止搁置在圈梁上面的楼板因水平位移而脱落。一般圈梁断面及配筋情况如图 7-11 中的详图所示。当圈梁与其他构件相重叠时，应相互拉通。

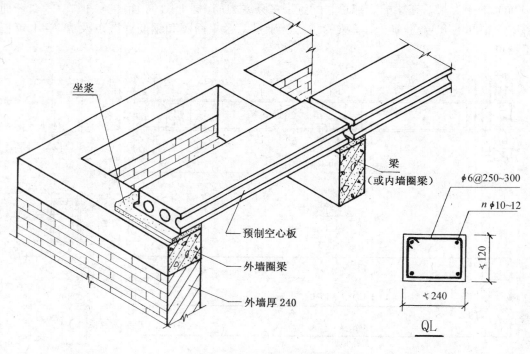

图 7-11　钢筋混凝土圈梁

3. 构造柱

构造柱是从构造上对墙体起加固作用，而不作承受竖向荷载设计计算的构件。在地震烈度8度及以上地区的多层砖混结构建筑中必须设置构造柱，它与圈梁一起组成了房屋的空间骨架，如图7-12a所示。

构造柱的断面尺寸一般为240mm×240mm，受力筋为4ϕ12，箍筋为ϕ6@250mm。其做法是在砌墙时留出逢5退5的"大马牙槎"柱洞并架立钢筋骨架，每隔500mm配置两条ϕ6的拉结筋，每砌一层楼即浇注混凝土一次，使构造柱与墙体、圈梁融为一体，如图7-12b所示。

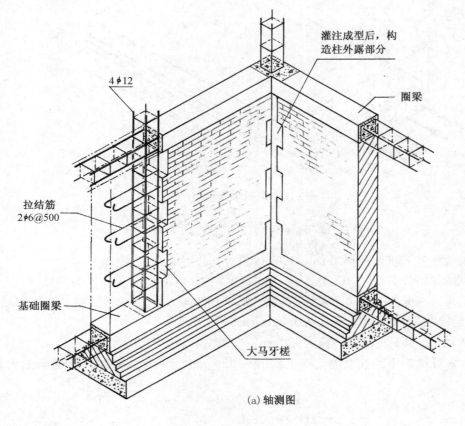

(a) 轴测图

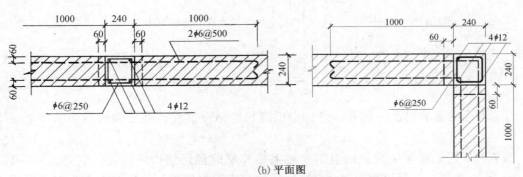

(b) 平面图

图7-12 构造柱与圈梁组成房屋骨架

4. 预制板

预制钢筋混凝土楼板大致上可分为实心板、空心板与槽形板三种，其中空心板应用最广，并多采用在工厂预制、现场安装的施工方式。图7-13所示为我国中南某地区常用的预制预应力钢筋混凝土空心板（代号：YKB）的一种型式（国内其他地区不尽相同），并制作有下列几种规格，分别给予一定的代号，以供用户选购时识别。其中：

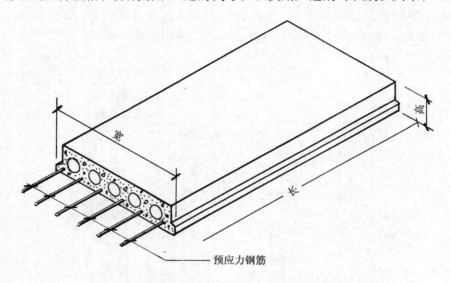

图7-13　预制预应力钢筋混凝土空心板

板宽的规格有1200mm、600mm、500mm三种，分别以1、2、3为代号。

活荷载的规格分1.0、2.0、3.0、4.0 kPa四级，分别以1、2、3、4为代号。

板长的规格一般按$3 \times nM_0$（n为正整数、$M_0 = 100$mm）的扩大模数预制。例如$27M_0$、$30M_0$等，当模数为$33M_0$时，板长为3300mm，以33为代号。

板厚的规格，其构造尺寸一律为120mm，在图中不必注明。

例如，设在图纸上给出代号"9Y-KB33-32"，综上所述，可知其所表示的内容如下：

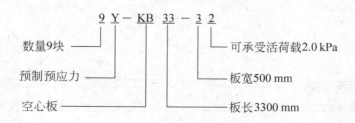

有了上面的基本知识，就可以进一步识读和绘制装配式砖混结构的楼层结构平面图了。

图7-14是上述某装配式砖混结构住宅第二层的楼层结构平面图。它是按 GB/T 50105—2010 的规定，假想用剖切面沿结构层的上表面将房屋剖开后向下方投射所得到

的正投影图。在该图中对被剖到的或可见的墙体用中实线表示；对不可见的墙体或其他构件的轮廓用中虚线表示；对预制构件（空心板）的布置则用细实线表明其排列状况和方向，并用一条对角线（也是细实线）表明其所在的范围，而且沿着对角线注写出该预制构件的数量和型号（对相同者可只标注一处，其余依次用代号⑪、⑦……表示。当墙体中设置有构造柱并被剖到时，构造柱的断面轮廓用粗实线表示，并在断面内画出材料图例或涂黑（由于构造上的原因，对浴厕及阳台不宜采用装配式预制混凝土结构，而必须采用钢筋混凝土现浇。具体画法详见 7.3.2 节）。

此外，在这种结构平面图中还必须用代号、附注或局部详图等在图中（或另纸）说明与该楼层结构有关的各种构件的位置、尺寸大小、结构标高、材料做法等。

例如，图 7-14 中用代号"L3"表明了该梁的位置在附加轴线 $\frac{1}{2}$ 上，在代号"L3"的后面用括号注明的数值（2.650）是该梁的梁底标高（即结构标高），由于无法在本图纸中详细说明该梁的做法，故用另纸画出了该梁的结构详图（图 7-10）。

又如，用代号"QL"表明了该层所有圈梁的位置，因其梁底标高都同为 2.870，故在附注中作了统一说明。至于圈梁的配筋情况，见图中画出的两个断面图所示。

再如 L1、L2 和 PL，它们都是与圈梁相拉通的，其位置可以在图中找到，其断面尺寸 200mm×400mm 及配筋情况有待于用附表加以说明，这是结构施工图常用的手法。

至于左前方的阳台板（代号 YTB），它与上述的 L1、L2 和 PL 梁是同时现浇的钢筋混凝土构件，它所配的受力筋和承受负弯矩的受力筋（简称负筋）在图中各用一条粗实线表示了出来，而具体的配置要求在传统的表示法中，也是用附表加以说明的。

7.3.2　钢筋混凝土框架结构的楼层结构平面图

框架结构的楼层结构平面图，也是假想用剖切面沿结构层的上表面将房屋剖开后向下方投射所得的正投影图。图 7-15 为第 6 章图 6-2 等所示的框架结构别墅的二层结构平面图。图中对结构层本身的可见轮廓用中实线表示；对结构层下方不可见的梁、墙、柱等构件的轮廓用中虚线表示；对被剖到的柱的断面轮廓则用粗实线表示，并画入材料图例或涂黑。在这方面与上例基本相同。

土建工程制图

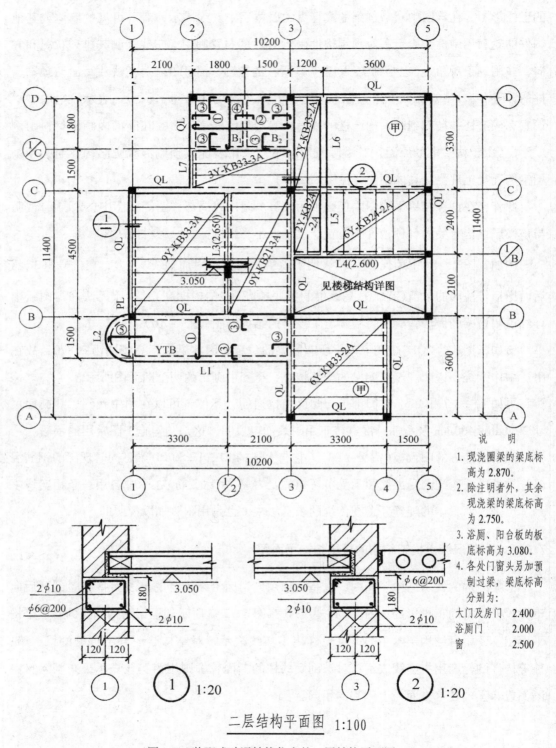

二层结构平面图 1:100

图7-14 装配式砖混结构住宅的二层结构平面图

说 明

1. 现浇圈梁的梁底标高为 2.870。

2. 除注明者外，其余现浇梁的梁底标高为 2.750。

3. 浴厕、阳台板的板底标高为 3.080。

4. 各处门窗头另加预制过梁，梁底标高分别为：

大门及房门 2.400

浴厕门 2.000

窗 2.500

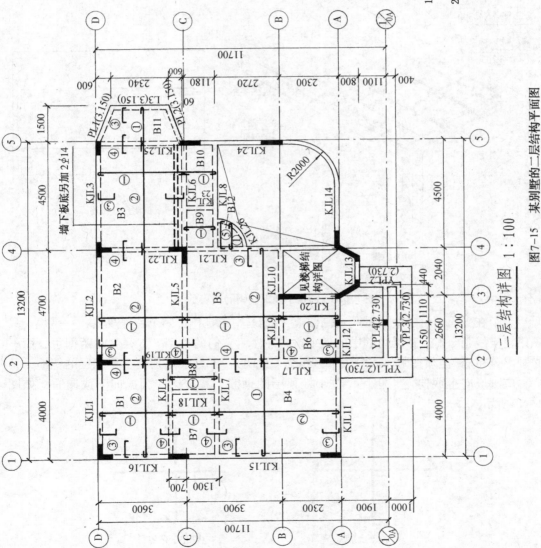

图7-15 某别墅的二层结构平面图

土建工程制图

但是，由于本例所表示的结构与上例也有根本的不同，即它所表示的是现浇钢筋混凝土框架结构而不是装配式砖混结构。所以，在 GB/T 50105—2010 中作了如下的特殊规定，问题的焦点是要设法在二维的平面图中表示出三维空间的配筋情况。

如图 7−16a 所示，设有一现浇板，其左端支承在轴线①的墙体（或梁）上，根据力学的需要，在板底层的一个方向上设置了一系列受力筋 φ10@150，用分布筋 φ6@300 固定。又在支座处同一个方向上设置了一系列负弯矩受力筋 φ10@200（位于板顶层，伸入板内600 mm），也用分布筋 φ6@300 固定。

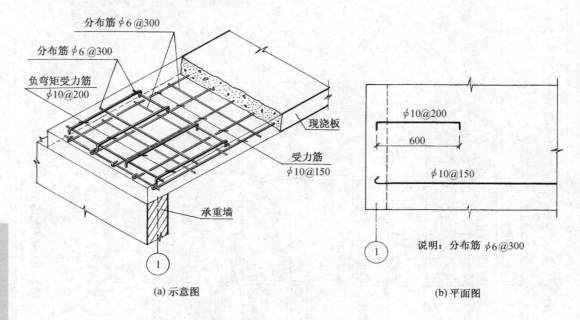

(a) 示意图　　　　　　　　　　(b) 平面图

图 7−16　结构平面图中钢筋的表示法

为了在平面图（图 7−16b）中表示出这些钢筋，于是作了两个特殊规定：一是规定只需用粗实线画出每一种受力筋中的任一条，并注明它们的类型、直径和间距即可，而不必画出分布筋（但须在附注或附表中另作统一说明）。二是规定凡位于板底层的钢筋，其弯钩应画成向上或向左；相反，位于板顶层的钢筋，其弯钩应画成向下或向右，如图 7−17所示。

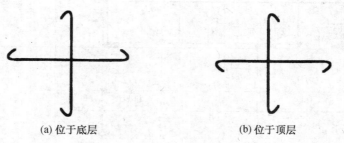

(a) 位于底层　　　　　　　　　(b) 位于顶层

图 7−17　在两个方向上配置双层钢筋时在平面图中的表示法

从图 7-16a 可知，该现浇板只在同一个方向上配置了双层钢筋，故在图 7-16b 中相应地只在同一个方向上分别画出了两条表示钢筋的粗实线，其中将底层钢筋的弯钩画成向上，而将顶层钢筋的弯钩画成向下。这种只在一个方向上配置受力筋的板称单向板，在两个互相垂直的方向上都配置受力筋的板，则称双向板。

现在再来看图 7-15 的二层结构平面图（由于该图的比例较小，不便于直接将配筋的尺寸资料注写在图纸上，故改为在图中将配筋编号注出，而另行列表加以说明，如表 7-5 所示）。今从图样的左上角指出 B1 板，结合表 7-5 可知，该板为双向板，板厚 100 mm，板底配置了①、②两个方向互相垂直的受力筋，它们分别是 $\phi8@120$、2970 长和 $\phi8@150$、3890 长。其中，①为短向的受力筋，它应布置在长向受力筋②的下边，并将它们捆绑成钢筋骨架。B1 板顶层的四周还分别配置了支座负弯矩钢筋③ $\phi8@200$ 和④ $\phi6@150$。前者伸入该板内 1000 mm，后者则横跨在支座上，向两边板内各伸入 900 mm。分布筋均为 $\phi6@300$。又从图中指出 B6 板，结合表 7-5 可知，该板为单向板，板厚 80mm。对单向板来说，它们只在一个方向（通常是短向）上配置了受力筋，具体配筋情况不再赘言。至于各框架梁 KJL 的配筋情况，通常也是列表加以说明，如表 7-6 所示。当配筋比较复杂时，宜在梁表中附以一系列配筋立面示意图。

表 7-5　钢筋混凝土板表（部分）

板号	板厚（mm）	板底受力筋						支座负弯矩钢筋					
		①（短向）			②（长向）			③			④		
		直径与间距	曲直	长度	直径与间距	曲直	长度	直径与间距	伸入板内长度 本板	伸入板内长度 邻板	直径与间距	伸入板内长度 本板	伸入板内长度 邻板
B1	100	$\phi8@120$	直	2970	$\phi8@150$	直	3890	$\phi8@200$	1000		$\phi6@150$	900	900
B2	100	$\phi8@120$	直	3580	$\phi8@150$	直	4680	$\phi8@200$	1000		$\phi6@200$	900	900
B4	110	$\phi10@150$	直	3980	$\phi10@200$	直	4970	$\phi8@150$	1100		$\phi6@150$	900	900
B6	80	$\phi8@150$	直	2280				$\phi6@200$	1000		$\phi6@200$	900	900

说明：

1. 混凝土强度等级：C20；
2. 钢筋种类：Ⅰ级钢筋（ϕ）；
3. 保护层厚：10 mm（外端 15 mm）；
4. 表内钢筋长度未包括弯钩在内；
5. 双向板板底短向钢筋应布置在长向钢筋的下边；
6. 支座负弯矩钢筋的长度均从轴线算起；
7. 分布筋均用 $\phi6@300$。

土建工程制图

表7-6　钢筋混凝土梁表(部分)　　钢筋混凝土强度等级：C20

梁号	断面尺寸 $b \times h$ (mm)	受力筋 直筋	受力筋 弯筋	配置箍筋 中段	配置箍筋 端部 s	架立筋	支座加筋 底筋	l	支座加筋 顶筋	l	支座号(梁号)	梁底标高
KJL1	180×600	2φ20		φ8@200	φ8@100　600	2φ12						2.970
⋮												
KJL4	180×400	2φ20		φ8@200	φ8@200	2φ10	1φ20	1500			KJL18	3.170
KJL17	180×600	2φ22	1φ22	φ8@150	φ8@150	2φ12	1φ22 1φ22	1500 1500			KJL7 KJL9	2.970
⋮												

*7.4　用"平法"表示梁、板、柱结构平面图

作结构施工图设计时，对于钢筋混凝土框架结构的房屋，如果都要分门别类地绘制每一个构件的详图，这无疑是一批很大的工作量，而且在表示方法上也不尽如人意。例如在图7-10中所示的"简支梁"，既要画它的立面图，又要画它的钢筋详图和一系列的断面图等，十分繁琐。

为了解决这个问题，中国建筑标准设计研究院进行了立项研究，并在1991年推出了该项研究成果"混凝土结构施工图平面整体表示法"(简称"平法")。在此基础上，于2003年、2004年，该院进一步先后修订和编制了《混凝土结构施工图平面整体表示方法制图规则和构造详图》(国家建筑标准设计图集03G101—1、04G101—1)并正式发表，经中华人民共和国住房和城乡建设部批准，在全国范围内推广使用。

到2016年，该院又对《混凝土结构施工图平面整体表示方法制图规则和构造详图》进行了修订，图集号为16G101—1(替代03G101—1、04G101—1)，并经中华人民共和国住房和城乡建设部"建质函〔2011〕168号"文批准，自2016年9月1日起在全国实施。

"平法"的表达形式是把结构构件的尺寸和配筋做法等，整体地直接用注写的方式表达在各类构件的平面图上，其方式有平面注写方式(标注梁)、列表注写方式(标注柱和板)和截面注写方式(标注梁、柱和剪力墙)三种。使用"平法"绘制施工图时，应将所有梁、板、柱构件进行编号，以便与上述的《混凝土结构施工图平面整体表示方法制图规则和构造详图》(国家建筑标准设计图集16G101—1)建立对应关系，从而构成了一套新

型完整的钢筋混凝土结构施工图的表示方法。该法对我国传统的梁、板、柱混凝土结构施工图的设计制图方法作了重大改革,省却了许多麻烦。

两年前,中国建筑标准设计研究院又推出了楼梯等构件的混凝土结构施工图的平面整体表示法。由于这些表示法的专业性更强,适宜留在后续课程中再来学习,所以下面仅简单介绍用"平法"表示现浇式框架结构中的梁、板、柱施工图的设计制图方法的一般知识。

7.4.1 梁

图7-18所示是某独院式框架结构住宅二层梁的"平法"施工图(即结构平面图),可见它是把各条梁的几何尺寸和配筋做法等,整体地直接用注写的方式表达在该二层平面图上的。采用这样的表达方法,减少了逐一绘制每条梁的施工图的大量的繁琐工作。

那么,在该图中各条梁是用怎样的方式注写的呢?现举例说明如下:

图7-19是图7-18所示的梁"平法"施工图中的现浇梁K12(3)的平面注写方式。按"平法"规定,平面注写有集中标注与原位标注两种方式,集中标注表达梁的通用数值,原位标注表达梁的特殊数值。当集中标注的某项数值不适用于梁的某一部位时,则将该项数值原位标注。施工时,原位标注取值优先,如图7-19所示。

1. 集中标注的内容

其内容有五项必注值及一项选注值(集中标注可以从梁的任意一跨引出),规定如下:

(1)梁编号,见表7-7。该项为必注值。如图7-19中集中标注 KL2(3)。

表7-7 梁编号

梁类型	代号	序号	跨数及是否带有悬挑
楼层框架梁	KL	××	(××)、(××A)或(××B)
屋面框架梁	WKL	××	(××)、(××A)或(××B)
非框架梁	L	××	(××)、(××A)或(××B)
悬挑梁	XL	××	

注:(××A)为一端有悬挑,(××B)为两端有悬挑,悬挑不计入跨数。

(2)梁截面尺寸,该项为必注值。如图7-18中集中标注 240×600 所示。

(3)梁箍筋,包括钢筋级别、直径、加密区与非加密区间距及肢数,该项为必注值。如图7-19中集中标注 $\phi8@100/200(2)$ 表示箍筋为 HPB300 钢筋,直径为8mm,加密区间距为100,非加密区间距为200,两肢箍。

(4)梁上部通长筋或架立筋配置,该项为必注值。如图7-19中集中标注 $2\phi18$,表示上部通长筋为两根 HRB400 钢筋,直径为18mm。

土建工程制图

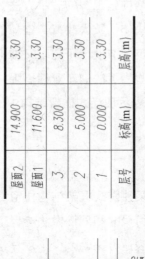

层号	标高(m)	层高(m)
屋面2	14.900	3.30
屋面1	11.600	3.30
3	8.300	3.30
2	5.000	3.30
1	0.000	3.30

楼层结构标高及层高

注：可在结构层楼面标高、结构层高栏中注明混凝土强度等级及砼年级等栏目。

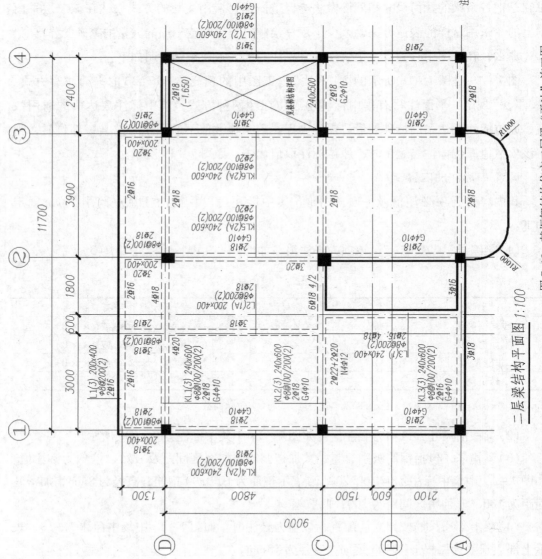

二层梁结构平面图 1:100

图7-18 某框架结构住宅二层梁"平法"施工图

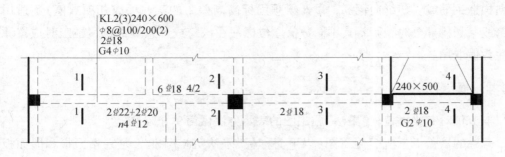

(a) 平面注写方式

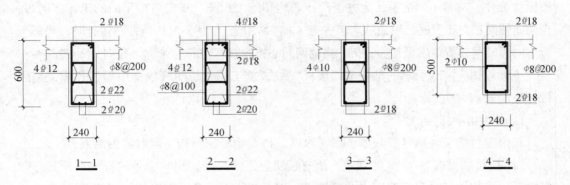

(b) 传统表达方式(断面图)

图7-19 梁的平面注写方式示例

注：本图中的四个断面图是采用传统表示方式绘制的，用于对比按平面注写方式表达的同样内容。实际上采用平面注写方式表达时，不需绘制梁的断面配筋图和图7-19a中的剖切位置线。

(5)梁侧面纵向构造钢筋或受扭钢筋配置，该项为必注值。当梁侧面需配置纵向构造钢筋时，此项注写值以大写字母G打头；如图7-18中集中标注G4φ10，表示梁的两个侧面共配置4φ10的纵向构造钢筋，每侧各配置2φ10。当梁侧面需配置受扭纵向钢筋时，此项注写值以大写字母N打头。

(6)梁顶面标高高差，该项为选注值。梁顶面标高高差，系指相对于结构层楼面标高的高差值。有高差时，需将其写入括号内，无高差时不注。

注：当某梁的顶面高于所在结构层的楼面标高时，其标高高差为正值，反之为负值。

2.原位标注的内容及其规定

(1)梁支座上部纵筋，该部位含通长筋在内所有纵筋。如图7-19中原位标注6φ18 4/2，表示梁支座上部纵筋一共为6φ18，上一排纵筋为4φ18，下一排纵筋为2φ18，参见断面2—2。

(2)梁下部纵筋。如图7-19中原位标注2φ22+2φ20，表示梁下部纵筋同排有两种直筋，角部纵筋为2φ22，中部纵筋为2φ20，参见断面1—1。

(3)当在梁上集中标注的内容(即梁截面尺寸、箍筋、上部通长筋或架立筋，梁侧面纵向构造钢筋或受扭纵向钢筋，以及梁顶面标高高差中的某一项或几项数值）不适用于某跨或某悬挑部分时，则将其不同数值原位标注在该跨或该悬挑部位，施工时应按原位标注数值取用。

7.4.2 板

本节仅对有梁楼盖板"平法"施工图的表示方法做简单介绍。

有梁的楼盖板"平法"施工图（以下简称板"平法"施工图），是在楼面板和屋面板布置图上，同梁一样采用平面注写的表达方式。板平面注写主要包括板块集中标注和板支座原位标注。与梁不同的是，为方便设计表达和施工识图，规定结构平面的坐标方向为：当两向轴网正交布置时，图面从左至右为 X 向，从下至上为 Y 向；当轴网转折时，局部坐标方向顺轴网转折角度做相应转折；当轴网向心布置时，切向为 X 向，径向为 Y 向。

下面以图 7-20 所示的某住宅二层板"平法"施工图来说明板块集中标注和板支座原位标注的表示方法。

1. 板块集中标注的内容

其内容包括板块编号、板厚、贯通纵筋，以及当板面标高不同时的标高高差。

（1）板块编号按表 7-8 的规定。所有板块应逐一编号，相同编号的板块可择其一做集中标注，其他仅注写于圆圈内的板编号，以及当板面标高不同时的标高高差。

表 7-8 板块编号

板 类 型	代 号	序 号
楼 面 板	LB	××
屋 面 板	WB	××
悬 挑 板	XB	××

（2）板厚注写为 $h = \times \times \times$（为垂直于板面的厚度）；当设计已在图注中统一注明板厚时，此项可不注。

（3）贯通纵筋按板块的下部和上部分别注写（当板块上部不设贯通纵筋时则不注），并以 B 代表下部，以 T 代表上部，B&T 代表下部与上部；X 向贯通纵筋以 X 打头，Y 向贯通纵筋以 Y 打头，两向贯通纵筋配置相同时则以 X&Y 打头。

（4）板面标高高差，系指相对于结构层楼面标高的高差，应将其注写在括号内。有高差则注，无高差不注。

楼层结构标高及层高

层号	标高(m)	层高(m)
屋面2	14.900	3.30
屋面1	11.600	3.30
3	8.300	3.30
2	5.000	3.30
1	0.000	3.30

注:可在结构楼层表内增加结构层楼面标高、结构层高在本表中集中注写设定标准层及各层各结构层梁高等各项目.

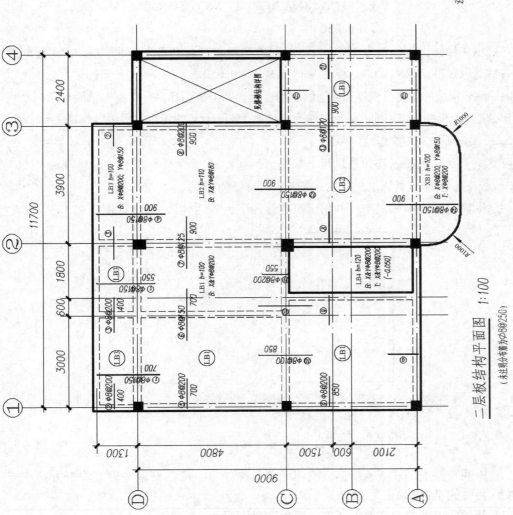

二层板结构平面图 1:100

(未注明分布筋为 φ8@250)

图7-20 某框架结构住宅二层板"平法"施工图

例 7 – 1   如图 7 – 20 中有一楼面板块注写为：LB1 $h = 100$

B：   X&Yϕ8@200

它表示 1 号楼面板，板厚 100，板下部配置的贯通纵筋 X 向为 $ϕ8@200$，Y 向为 $ϕ8@200$；板上部未配置贯通纵筋。

例 7 – 2   如图 7 – 20 中有一楼面板块注写为：LB3 $h = 100$

B：   Xϕ8@200；Yϕ8@150

它表示 3 号楼面板，板厚 100，板下部配置的贯通纵筋 X 向为 $ϕ8@200$，Y 向为 $ϕ8@150$；板上部未配置贯通纵筋。

例 7 – 3   如图 7 – 20 中有一楼面板块注写为：LB4 $h = 120$

B：   X&Yϕ8@200   T：X&Yϕ8@200
（ – 0.050）

它表示 4 号楼面板，板厚 120，板下部配置的两向贯通纵筋为 $ϕ8@200$，板上部配置的两向贯通纵筋亦为 $ϕ8@200$，板面标高高差为 – 0.050。

同一编号板块的类型、板厚和贯通纵筋均应相同，但板面标高、跨高、平面形状以及板支座上部非贯通纵筋可以不同，如同一编号板块的平面形状可为矩形、多边形及其他形状等。

2. 板支座原位标注的内容

板支座上部非贯通纵筋和悬挑板上部受力钢筋。

（1）板支座上部非贯通筋的布置一般有以下两种情况：

一是纵筋自支座中线向跨内伸出，可在线段下方标注伸出长度（如图 7 – 21a）。

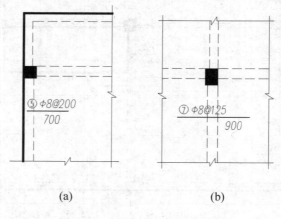

（a）   （b）

图 7 – 21   板支座上部非贯通筋

二是中间支座上部非贯通纵筋向支座两侧对称伸出，可在支座一侧线段下方标注伸长长度，另一侧不注（如图 7 – 21b）。

（2）悬挑板上部受力钢筋的布置一般也有以下两种情况：

一是悬挑板与相邻结构层楼面板无标高高差，纵筋贯通全悬挑长度并伸入支座另一侧时，只注明支座另一侧的伸出长度值（如图 7 – 22a）。

二是悬挑板与相邻结构层楼面板有标高高差，纵筋仅能贯通悬挑长度时，则不需注明长度值（如图7-22b）。

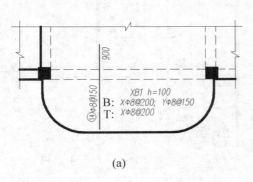 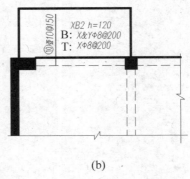

(a)   (b)

图7-22 悬挑板上部受力钢筋

在板平面布置图中，不同部位的板支座上部非贯通纵筋及悬挑板上部受力钢筋，可仅在一个部位注写，对其他相同者则仅需在代表钢筋的线段上注写编号即可。

7.4.3 柱

柱"平法"施工图系在柱平面布置图上采用列表注写方式或截面注写方式而成。

1. 列表注写方式

内容包含：柱编号、柱段起止标高、几何尺寸（含柱截面对轴线的偏心情况）、各种柱截面形状及柱配筋等。与梁、板注写方式不同的是，柱的列表格式形式多样，原则上对于技术人员来说清晰明了，能准确无误指导施工即可采用。例如表7-4即为常见的一种柱表形式。

2. 截面注写方式

在柱平面布置图的柱截面上，分别在同一编号的柱中选择一个截面，以直接注写截面尺寸和配筋具体数值的方式来表达柱平法施工图。

如图7-23柱"平法"施工图所示，首先对所有柱截面进行编号（注：编号时，当柱的总高、分段截面尺寸和配筋均对应相同，仅截面与轴线的关系不同时，仍可将其编为同一柱号，但应在图中注明截面与轴线的关系），从相同编号的柱中选择一个截面，按另一种比例原位放大绘制柱截面配筋图，并在各配筋图上继其编号后再注写截面尺寸 $b \times h$、角筋或全部钢筋、箍筋的具体数值，以及在柱截面配筋图上标注柱截面与轴线关系的具体数值即可。

当纵筋采用两种直径时，需再注写截面各边中部筋的具体数值（对于采用对称配筋的矩形截面柱，可仅在一侧注写中部筋，对称边省略不注。如图7-23中的Z3）。

层号	标高(m)	层高(m)
屋面2	14.900	3.30
屋面1	11.600	3.30
3	8.300	3.30
2	5.000	3.30
1	0.000	3.30

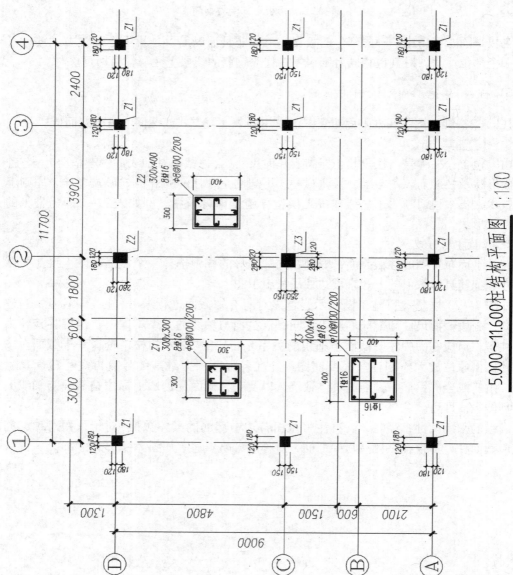

5.000~11.600柱结构平面图 1:100

图7-23　5.000~11.600柱"平法"施工图

*第8章　给水排水工程图

8.1　概述

　　给水排水工程是为了解决人们生产、生活、消防用水以及排除、处理污水和废水这些基本问题所必需的城镇建设工程。通过修建自来水厂、给水管网、排水管网及污水处理厂等市政设施，以满足城镇建设、工业生产及人民生活的需要。它包括给水工程、排水工程以及建筑(室内)给水排水工程三方面:

　　(1)给水工程是指水源取水、水质净化、净水输送、配水使用等工程。排水工程是指污水(包括生产、生活等污水)排除、污水处理、处理后的污水排放等工程。

　　(2)建筑给排水工程则是指建筑物内部或居住小区(含厂区校区等)范围内的生活设施和生产设备的给水排水工程。

　　(3)整个给水排水工程与房屋建筑、水力机械、水工结构等工程有着密切的关系。因此，在学习给水排水工程图之前，对房屋建筑施工图、钢筋混凝土结构施工图等应有一定的认识，同时对斜轴测图的画法也要有一定的了解，因为在给水排水工程图中经常要用到这几种图。

8.1.1　给水排水工程图的分类

　　给水排水工程的设计图，按其工程内容的性质来分，可分为下面三类:

　　1.　建筑给水排水工程图

　　建筑给水排水工程通常是指从室外给水管网引水到建筑物内的给水管道，建筑物内的给水及排水管道，自建筑物内排水到检查井之间的排水管道，以及相应的卫生器具和管道附件。它一般包括建筑给水系统、排水系统、消防系统、热水供应系统、雨水排水系统等。此类设计图一般画有管道平面布置图、管道系统图(或称管道轴测图)、卫生设备或用水设备安装详图等。

　　2.　室外管道及附属设备图

　　这类图主要显示敷设在室外地下的各种管道的平面及高程布置，一般有城镇街坊区内的街道干管平面图、工矿企业内的厂区管道平面图，以及相应的管道纵断面图和横断面图，此外还有管道上附属设备如消火栓、闸门井、检查井、排放口等施工图。

　　3.　水处理工艺设备图

　　这类图是指自来水厂和污水处理厂的设计图。如水厂内各个处理构筑物和连接管道的总平面布置图，反映高程布置的流程图，还有取水构筑物、投药间、泵房等单项工程平面图、剖面图，以及给水及污水的各种处理构筑物(如沉淀池、过滤池、曝气池等)的工艺设计图等。

由于管道的断面尺寸比其长度尺寸小得多，所以在小比例的施工图中均以单线条表示管道，用图例表示管道上的配件。这些线型和图例符号，将在以下各节分别予以介绍。绘制和识读给水排水工程图时，可参阅《GB 50106—2010 建筑给水排水制图标准》和《给水排水设计手册》。

8.1.2 给水排水工程图的一般规定

1. 图线

（1）新设计的各种排水和其他重力流管线，可见的采用粗实线表示，不可见的采用粗虚线表示，线宽 b 宜为 0.7mm 或 1.0mm。

（2）新设计的各种给水和其他压力流管线，原有的各种排水和其他重力流管线，可见的采用中粗实线表示，不可见的采用中粗虚线表示，线宽 $0.7b$（b 为已选定的粗实线宽度）。

（3）给水排水设备、零（附）件的轮廓线，总图中新建的建筑物和构筑物的轮廓线，原有的各种给水和其他压力流管线，可见的采用中实线表示，不可见的采用中虚线表示，线宽 $0.5b$。

（4）总图中原有建筑物和构筑物轮廓线，可见的采用细实线表示，不可见的采用细虚线表示，线宽 $0.25b$。

（5）各种标注指引线、标高、设计地面线等采用细实线表示（$0.25b$）。

（6）中心线、定位轴线采用单点长画线表示（$0.25b$）。

（7）断开界线采用折断线表示（$0.25b$）。

（8）平面图中水面线、局部构造层次范围线、保温范围示意线等采用波浪线表示（$0.25b$）。

2. 比例

区域规划图、区域位置图：采用 1:50000、1:25000、1:10000、1:5000、1:2000。

总平面图：采用 1:1000、1:500、1:300。

管道纵断面图：竖向采用 1:200、1:100、1:50；横向采用 1:1000、1:500、1:300。

水处理厂（站）平面图：采用 1:500、1:200、1:100。

水处理构筑物、设备间、卫生间、泵房平面图及剖面图：采用1:100、1:50、1:40、1:30。

建筑给水排水平面图：采用 1:200、1:150、1:100。

建筑给水排水系统图：采用 1:150、1:100、1:50。

详图：采用 1:50、1:30、1:20、1:10、1:5、1:2、1:1、2:1。

3. 标高

（1）单位：以 m 为单位，一般注写至小数点后第三位，总图中可注写到小数点后第二位。

（2）标注位置：沟渠和重力流管道应标注起点、转角点、连接点、变坡点、变径（管径)点、交叉点以及穿外墙和剪力墙处的标高；压力管宜标注管中心标高；室内外重力管道宜标注管内底标高；必要时，室内架空重力管道可标注中心标高，但在图中应加以说明。

(3)标高种类：室内工程应标注相对标高；室外工程宜标注绝对标高，无资料时可标注相对标高，但应与总图一致。

(4)标注方法：平面图、轴测图按图 8-1a 的方式标注；剖面图按图 8-1b 的方式标注。

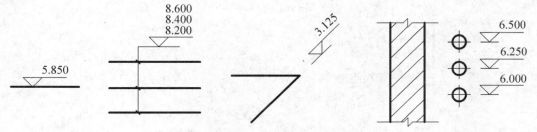

(a) 平面图、轴测图中管道标高的标注方法   (b) 剖面图中管道标高的标注方法

图 8-1 管道标高标注法

4. 管径

(1)单位：应以 mm 为单位。

(2)表示方法：

① 水、煤气输送用镀锌钢管、非镀锌钢管、铸铁管等管材，管径宜以公称直径 DN 表示(如 DN15、DN50 等)。

② 焊接钢管、无缝钢管等管材，管径宜以外径 $D \times$ 壁厚表示(如 $D108 \times 4$、$D159 \times 4.5$ 等)。

③ 耐酸陶瓷管、混凝土管、钢筋混凝土管、陶土管(缸瓦管)等，管径应以内径 d 表示(如 $d230$、$d380$ 等)。

④ 建筑给水排水的塑料管材，管径宜以公称直径 DN 表示。

(3)标注方法：单管及多管标注如图 8-2 所示。

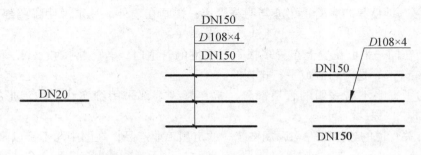

(a) 单管管径的标注方法   (b) 多管管径的标注方法

图 8-2 管径标注法

5. 编号

(1)当建筑物的给水引入管或排水排出管数量多于1根时,宜用阿拉伯数字编号(图8-3a)。

(2)建筑物内穿过楼层的立管,其数量多于1根时,宜用阿拉伯数字编号(图8-3b)。

(3)给水排水附属构筑物(阀门井、检查井、水表井、化粪池等)多于一个时应编号。给水构筑物的编号顺序,应从水源到干管,再从干管到支管,最后到用户。排水构筑物的编号顺序,应从上游到下游,先干管后支管。

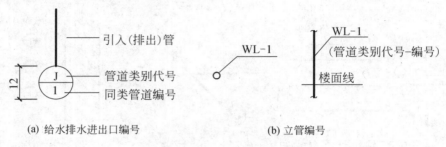

(a) 给水排水进出口编号   (b) 立管编号

图 8-3 管道编号表示法

8.1.3 给水排水工程图的图示特点

(1)给水排水工程图中的平面图、剖面图、高程图、详图及水处理构筑物工艺图等都是用正投影法绘制的;轴测图是用斜投影法(正面斜轴测投影)绘制的;纵断面图是用正投影法取不同比例绘制的;工艺流程图则是用示意法绘制的。

(2)图中的管道、器材和设备一般采用统一图例表示,如卫生器具图例是用较实物大为简化的一种象形符号表示,但大小一般应按比例画出。

(3)给水及排水管道一般采用单线表示;纵断面图的重力管道、剖面图和详图中的管道宜用双线绘制,而建筑、结构的图形及有关器材设备均采用中、细实线绘制。

(4)不同直径的管道,以同样线宽的线条表示,管道坡度无需按比例画出(即仍画成水平的),管径和坡度均用数字注明。

(5)靠墙敷设的管道,不必按比例准确表示出管线与墙面的微小距离,图中只需略有距离即可。即使是暗装管道,亦与明装管道一样画在墙外,只须说明哪些部分要求暗装便可。

(6)当在同一平面位置上布置多根不同高度的管道时,若严格按投影来画,平面图就会重叠在一起,这时可画成平行排列的。

(7)为了省略不需表明的管道部分,常在管线端部采用细实线的波浪形折断符号表示。

(8)有关管道的连接配件均属规格统一的定型工业产品,在图中均不予以画出。

8.2 建筑给水排水工程图

8.2.1 建筑给水系统

1. 建筑给水系统的组成

建筑给水系统一般由下列各部分组成(图8-4)。

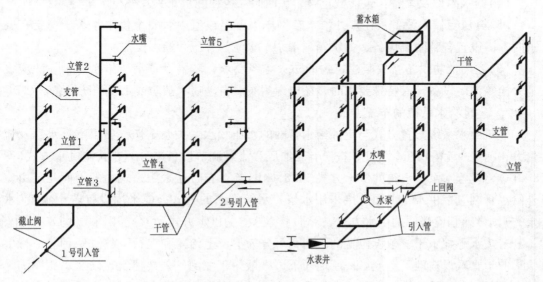

(a) 直接供水的水平环状下行上给式布置　　　　(b) 设水泵、水箱供水的枝状上行下给式布置

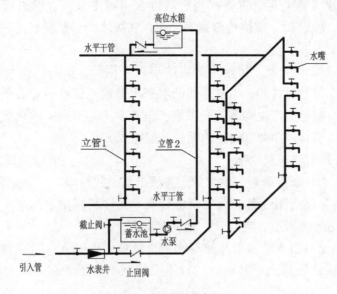

(c) 分区供水的枝状布置

图8-4 建筑给水系统的组成

（1）引入管：指室外（厂区、校区、住宅区）给水管网与建筑物室内管网之间的联络管段，引入管应有向室外给水管网不小于0.003的倾斜坡度。

（2）水表节点：指在引入管上装设的水表及其前后设置的闸门、泄水装置等的总称。水表用以记录用水量；闸门可以关闭管网，以便检修和拆换水表；泄水装置用于检修时放空管网、检测水表精度及测定进户点的水压力值。

（3）给水管道：包括干管、立管、支管。

（4）给水附件及设备：包括截止阀、止回阀、各种配水龙头及分户水表等。

（5）升压及储水设备：在室外给水管网压力不足或室内对安全供水、水压稳定有要求时，需设置各种附属设备，如水箱、水泵、水池等升压和储水设备。

（6）室内消防设备：按照建筑物的防火等级要求，需要设置消防给水时，一般应设消火栓等消防设备。有特殊要求时，还应专门装设自动喷水消防或水幕消防设备。

2. 建筑给水系统的布置方式

建筑给水系统布置方式与室外给水管网的水压和水量关系密切，如果室外水压及流量大，则室内无需加压。因此，按照有无加压和流量调节设备来分，有直接供水方式（图8-4a），设置水泵、水箱的供水方式（图8-4b）等，有时还采用建筑物的下面几层由室外给水管网直接供水，上面几层采用水泵、水箱供水的方式；或采用设置若干水箱（水泵）分别供给相应楼层的供水方式，习惯上称这样的供水方式为"分区供水"（图8-4c）。

若按水平配水干管敷设位置的不同，可分为下行上给式和上行下给式两种。下行上给式的干管敷设在地下室或第一层地面下，一般用于住宅、公共建筑，以及水压能满足要求、无需加压的建筑。上行下给式的干管敷设在顶层的顶棚上或阁楼中，由于室外管网给水压力不足，在建筑物上需设置蓄水箱或高位水箱和水泵，一般用于多层民用建筑、公共建筑（澡堂、洗衣房），或生产流程不允许在底层地面下敷设管道，或地下水位高、敷设管道有困难的地方。

若按照配水干管或配水立管互相连接所成的形式来区分，又可分成环状和枝状两种。前者配水干管或立管首尾连接，组成环状的水平干管或立管；后者的干管或立管则互不连接，造价较低，但可能产生局部间断供水。由此可见，不同的供水方式和不同的配水管网布置形式可以组合成多种建筑给水系统布置方式。

3. 建筑给水系统管道的布置原则

（1）布置管道时应力求长度最短，尽可能呈直线走向，并与墙、梁、柱平行敷设。

（2）给水立管应尽量靠近用水量最大的设备处或不允许间断供水的用水处，以保证供水可靠，并减少管道转输流量，使大口径管道长度最短。

（3）一栋建筑物的给水引入管，应从建筑物用水量最大处引入；当建筑物内卫生器具布置比较均匀时，应在建筑物中部引入，以缩短管网的管道长度，减少管网的水头损失。

8.2.2 建筑排水系统

建筑排水系统是指把建筑内部各用水点使用后的污(废)水和屋面雨水排出到建筑物外部的排水管道系统。

1. 排水管道的分类

按所排出的污(废)水性质，建筑物内部敷设的排水管道分为三类：

(1)生活污水管道：排出人们日常生活中盥洗、洗涤生活废水和粪便污水。

(2)工业废水管道：排出工矿企业在生产过程中所产生的污(废)水。由于工业生产门类繁多，故所排出的污(废)水性质也极为复杂，但按其污染的程度可分生产废水和生产污水两类，前者仅受轻度污染，后者所含化学成分则比较复杂。

(3)雨水管道：接纳排出屋面的雨水、雪水。

2. 建筑排水系统的组成

以生活污水系统为例，图8-5说明了建筑排水系统的主要组成部分有：

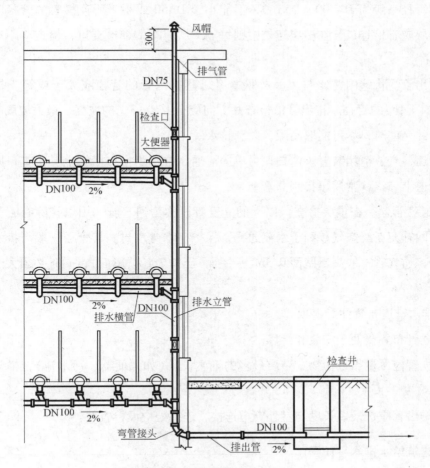

图8-5 建筑排水系统的组成

（1）卫生器具和生活设备受水器。

（2）排水管道及其附件：

①存水弯（水封段）。用存水弯的水封隔绝和防止有害、易燃气体及虫类通过卫生器具泄水口侵入室内。常用的管式存水弯有 S 形和 P 形两种。

②连接管。连接卫生器具和排水横支管之间的短管（除坐式大便器、钟罩式地漏等外，均包括存水弯）。

③排水横支管。排水横支管接纳连接管的排水并将排水转送到排水立管，且坡向排水立管。若为与大便器连接管相接的排水横支管，其管径应不小于 100mm，流向排水立管的标准坡度为 2%。当大便器多于 1 个或卫生器具多于 2 个时，排水横支管应有清扫口。

④排水立管。接纳排水横支管的污水并转送到排出管（有时送到排水横干管）的竖直管段，其管径一般为 DN100、DN150，不能小于 DN50 或小于所连横管的管径。立管在底层和顶层应有检查口，在多层建筑中则每隔 1 层应有 1 个检查口，检查口距地面高度为 1m 左右。

⑤排出管。将室内污水排入室外检查井，其排出管的管径应大于或等于排水立管（或排水横干管）的管径。排出管沿检查井方向应有 1%～3% 的坡度，最大坡度不宜大于 15%，条件允许时，尽可能取高限，以利排水。

⑥管道检查、清堵装置。清扫口可单向清通，常用于排水横管上。检查口则为双向清通的管道维修口，常用于排水立管上。

（3）通气管道。在顶层检查口以上的立管管段称为通气管，用以排除有害气体，并向排水管网补充新鲜空气，利于水流通畅，保护存水弯水封。其管径一般与排水立管相同或稍小，通气管一般高出屋面 0.3m（平屋面）至 0.7m（坡屋面），同时必须大于最大的积雪厚度。

3．排水管道布置注意事项

（1）立管布置要便于安装和检修。

（2）立管应尽量靠近污物、杂质最多的卫生设备（如大便器、污水池），横管向立管方向应有坡度。

（3）排出管应选最短长度与室外管道连接，连接处应设检查井。

8.2.3　建筑给水排水平面图

图 8 – 6 ～图 8 – 8 所示分别是前面第 6 章图 6 – 13 所示某别墅首层、二层、三层的

给水排水管网平面布置图。

1. 比例与线型

建筑给水排水平面图的比例，可采用与房屋建筑平面图相同的比例，一般常用 1∶100 的比例。对于卫生设备或管道布置较复杂的房间，若按比例 1∶100 绘制的图样显示不够清楚时，可将平面图的比例放大，采用 1∶50 的比例来绘制。

平面布置图中的房屋平面图只是一个辅助内容，重点应突出管道布置和卫生设备，因此，房屋建筑平面图的墙身和门窗等线型，一律都画成细实线。

2. 平面图的内容

（1）为了充分显示房屋建筑与给水排水设备间的布置和关系，又由于室内管道与户外管道相连，所以底层的卫生设备平面布置图，视具体情况和要求，最好单独画出一个整栋房屋的完整平面图。

（2）各个楼层应画出与用水设备和管道布置有关的房屋平面图，可不必将整个楼层全部画出。如果盥洗用房和卫生设备及管道布置完全相同时，只需画出一个相同楼层的平面布置图即可，但在图中必须注明各楼层的层次和标高。若楼层给水设备布置不同时，则必须每个楼层分别画出。

（3）平面图按同一楼层的建筑平面图抄绘，但主要抄绘墙、柱和门窗。墙、柱只须画墙身轮廓线，而门窗只画出门窗洞位置，不必标注门窗代号。

（4）房屋的细部及次要轮廓均可省略。房屋建筑的立面图及剖面图、详图等，这些图的主要用途仅在于设计绘制给水排水工程图时用来查阅有关的构造及各层的标高。

（5）为使土建施工与管道设备的安装能互为核实，在各层的平面布置图上，均须标注墙、柱的定位轴线编号和轴线间距尺寸。对于大型或高层建筑物，在底层平面布置图上，还应画出指北针，以示明朝向。此外，还要标注各楼层地面标高。

8.2.4 卫生器具与配水设备平面布置图

房屋的卫生器具的配水设备，一般已在建筑平面图中布置好，可以直接抄绘于建筑给水排水的平面布置图上，然后再配置管道。也有在建筑施工图中留有盥洗用房或生产设备，需由给水排水技术人员来进行设计和绘图的。例如在图 8－6 中，别墅首层平面设置了两个卫生间，在房屋西端轴线Ⓒ处的卫生间内设有洗面盆、坐式大便器和淋浴喷头，在工人房旁边的卫生间设有洗面盆、蹲式大便器和淋浴喷头。又如在图 8－7 中，二层平面上也设有两个卫生间，设置的卫生器具有洗面盆、坐式大便器和淋浴喷头；在图 8－8 中，三层平面上分别设置了一个卫生间和一个洗衣房。

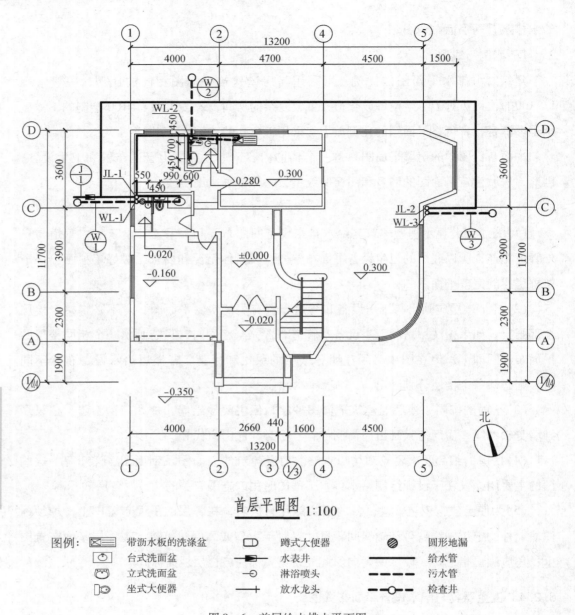

首层平面图 1:100

图例：　⬛ 带沥水板的洗涤盆　　🔲 蹲式大便器　　　🔴 圆形地漏

　　　　🔲 台式洗面盆　　　　▶ 水表井　　　　──── 给水管

　　　　🔲 立式洗面盆　　　　─○ 淋浴喷头　　　── ── 污水管

　　　　🔲 坐式大便器　　　　─┼ 放水龙头　　──○── 检查井

图 8-6　首层给水排水平面图

　　在平面图中各种卫生器具和配水设备，均可按比例用图例表示，一般用中实线画出其平面形状的外形轮廓，内形轮廓可用细实线画出。对于常用的卫生器具或配水设备，均系有一定规格的工业标准产品，在平面布置图中不必画其详细形状，施工时可按"给水排水国家标准图集"来安装。对于非定型产品的盥洗槽、小便槽、污水池等土建设施，则应由建筑设计人员绘制施工详图，不必再抄绘或另行绘图。各种标准的卫生器具，也不必标注其外形尺寸，如因施工或安装时需要，可注出其定位尺寸。

8.2.5 管道平面布置

（1）管道是建筑给水排水平面布置图的主要内容，通常用单线条的中粗实线表示给水管道，用粗虚线表示排水管道。首层平面布置图应画出给水的引入管、下行上给式的水平干管、立管、支管和水嘴以及排水的室外检查井、排出管、横干管、立管、横支管及卫生器具排水泄水口等。

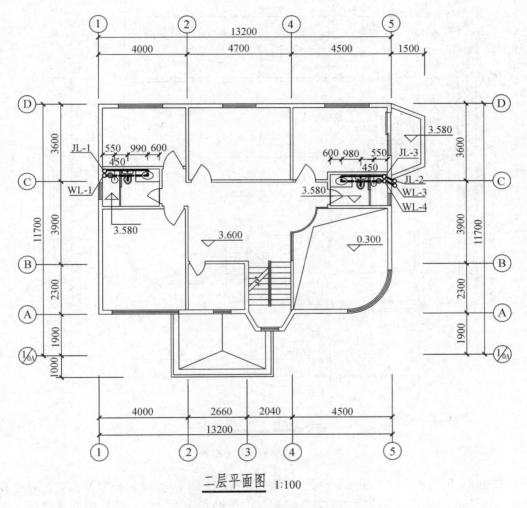

二层平面图 1:100

图 8-7 二层给水排水平面图

（2）给水、排水立管是指每个给水、排水系统穿过地面及各楼层的竖向管道，立管数量多于 1 个时应加以编号。编号宜按图 8-3b 的方式表示，以引出线指向立管，在横线上注写管道类别代号（汉语拼音字头）、立管代号（L）及数字编号。如立管在某层偏置设置，该层偏置立管宜另行编号，如图 8-7 中的 JL-2、JL-3 及 WL-3、WL-4。立管在平面图中的位置可以用小圆圈表示。

（3）为使平面布置图与管道轴测图相互对照和便于索引，各种管道须按系统分别予以标志和编号，给水管以一根引入管作为一个系统，排水管以检查井承接的每一排出管为一个系统，编号按图8－3a的方法表示。

（4）由于平面布置图上不可能完整地表达出空间的管道系统，所以一般不必标注管径、坡度等数据。而管道长度则可在施工安装时，根据设备间的距离，直接在实地测量后截割所需的管道长度，所以在图上也不必注写管长。

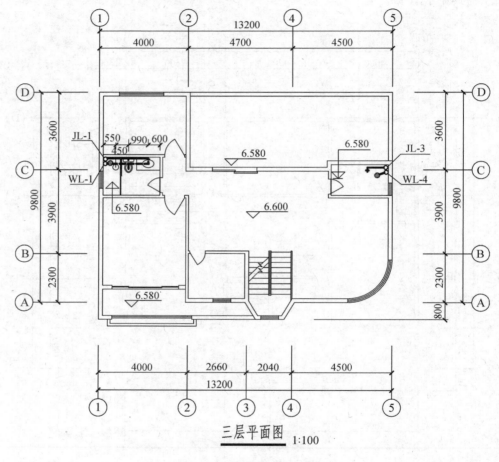

三层平面图 1:100

图8－8　三层给水排水平面图

如图8－6～图8－8所示，给水引入管自别墅轴线①和轴线ⓒ相交处入口，通过立管JL－1送入一至三层卫生间中的淋浴喷头、大便器和洗面盆，并经首层的支管送入工人房卫生间的卫生器具和厨房的洗涤盆。另设一根干管连到轴线⑤和轴线ⓒ相交处，经立管JL－2和JL－3送入二层卫生间的卫生器具和三层洗衣房的水嘴。

该别墅有三根排水排出管，第一根排出管经WL－1排水立管汇集别墅西端一至三层卫生间的污水，排向室外检查井；第二根排出管经WL－2排水立管汇集首层工人房卫生间和厨房的污水，排向室外检查井；第三根排出管经WL－3和WL－4排水立管汇集二层东面卫生间和三层洗衣房的污水，排向室外检查井。

8.2.6　图例与说明

1. 图例

给水排水工程图中较多的器具和设备是用图例来表示的。它不仅是施工时的技术指导文件，而且是土建结构及机电设备的设计依据。所以，为了能够正确识读图纸，避免错误和混淆，一般应附上各种管道及附件、卫生设备、闸门、仪表等图例；对于某些标准产品，还必须在图例中注明其标准详图的图号或产品规格。各种用水器具的图例如图8-6的附加说明所示。

2. 说明

建筑给水排水工程图中除了用图形、尺寸来表达设备的形状和大小外，还必须对施工要求、有关材料等情况用文字加以说明，一般有如下内容：

(1)标高、管径、尺寸等单位，室内标高的零点相当于绝对标高的数值。

(2)标准管路单元的用水户数，水箱的标准图集。

(3)城市管网供水与屋顶水箱供水区域的划分与层数。

(4)各种管道的材料与连接方式，防腐与防冻措施。

(5)套用标准图的名称与图号。

(6)采用设备的型号与名称，有关土建施工图的图号。

(7)安装质量的验收标准。

(8)其他施工要求。

8.2.7　建筑给水排水管道平面图的绘图步骤

绘制建筑给水排水平面图，一般先绘制首层管道平面图，再画其余各楼层平面图。绘制每一层管道平面图的步骤如下：

(1) 画建筑平面图。建筑给水排水管道平面图中的建筑物的轮廓线应与建筑平面图的一致，其画图步骤也与画建筑平面图的相同，只是图线的宽度不相同。

(2) 画卫生器具平面图。

(3) 画给水排水管道平面布置图。画管道平面布置图也就是在建筑平面图中用直线将各用水点相连。一般先画立管，然后画给水引入管或排水排出管，最后按水流方向画出各干管、支管及管道附件。

(4) 画必要的图例。

(5) 标注好管径、标高、坡度、编号和书写好必要的文字。

8.2.8　建筑给水排水轴测图

平面布置图只是显示了建筑给水排水管道、设备在水平方向上的布置，但输水管道

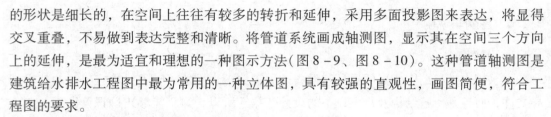

的形状是细长的，在空间上往往有较多的转折和延伸，采用多面投影图来表达，将显得交叉重叠，不易做到表达完整和清晰。将管道系统画成轴测图，显示其在空间三个方向上的延伸，是最为适宜和理想的一种图示方法（图8-9、图8-10）。这种管道轴测图是建筑给水排水工程图中最为常用的一种立体图，具有较强的直观性，画图简便，符合工程图的要求。

1. 建筑给水排水管道轴测图的图示特点

（1）建筑给水排水工程的管道系统一般是沿着墙角和墙面来布置和敷设的，它在空间的转折和分岔多数按着直角方向延伸，形成一个沿空间直角坐标方向布置的管道系统。按照管道系统的特点，一般采用正面斜等轴测图表示。通常把房屋的高度方向作为 OZ 轴，OX 和 OY 轴的选择，以能使图上管道简单明了、避免管道出现过多交叉为原则。图8-9、图8-10是根据图8-6～图8-8的管道平面布置图画出来的给水、排水管道正面斜等轴测图。由于室内卫生设备多沿房屋横向布置，所以通常以横向作为 OX 轴，纵向作为 OY 轴。

（2）轴测图的比例一般与平面布置图相同，OX、OY 方向上的尺寸可直接从平面图上量取，OZ 方向上的尺寸根据房屋的层高和水嘴的习惯安装高度来决定。例如洗面盆、洗涤盆的水嘴高度，一般采用0.8m左右，淋浴喷头的高度采用2.1m。如果配水设备较为密集和复杂时，也可将管道轴测图放大绘制，但须注意，同一类性质的图样，其比例应一致，否则容易造成设计绘图和施工安装的错误。

（3）轴测图中的管道都用单线来表示，其线型应与平面布置图中的相同。在给水管道轴测图上只需绘制管道及配水设备，如阀门、水嘴、淋浴喷头及连接大便器的支管等，因为卫生设备已在平面布置图中明确表达出来，所以不必再画了。在排水管道轴测图上只需绘制管道及相应卫生设备上的存水弯、排泄口的横支管以及立管上的通气帽、检查口与室外检查井等。排水横管虽有坡度，但由于比例较小，不易画出坡降，因此为使画图简便明了，仍画成水平管道。立管与排出管实际上是用弧形弯管连接的，为使画图方便，可画成直角弯管。

（4）空间交叉的管道，在轴测图中两根管道重影时，应区别其前后及上下的可见性。在重影处可将前面或上面的管道（即可见的管道）画成连续的；而将后面或下面的管道画成断开的。如图8-9所示，给水立管 JL-1 所接的首层卫生间内淋浴喷头在 OY 方向的水平支管前面，故将水平支管断开。

2. 建筑给水排水管道轴测图的尺寸标注

（1）标注管径：管道的管径必须标注在管道轴测图上。原则上每段管道一般均须标注公称管径，但在连续的直管段中，可在管径变化的始段和终段旁注出，如不影响图示的明确性，中间管段可省略标注。装设在各管段上的截止阀、水表、角阀、水嘴、存水弯等附件，除特殊规格者外，其管径均与各管段的管径相同，不必专门注出。

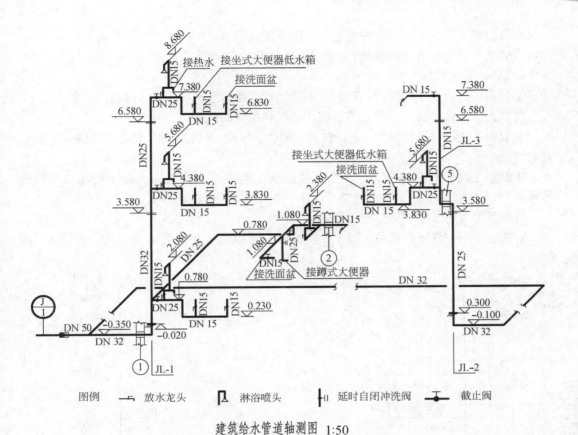

图例 ——ᐧ 放水龙头 ▮ 淋浴喷头 ┠ 延时自闭冲洗阀 ━●━ 截止阀

建筑给水管道轴测图 1:50

图8−9 建筑给水管道轴测图

(2)标注标高：轴测图上标注的相对标高，应与建筑施工图的一致(图8−9、图8−10)。对于给水管道，通常应标注各层楼面、地面、引入管、各分支横管及水平管段、阀门、卫生器具的水嘴及连接支管等部位的标高，所注标高数字是指该给水管段的中心线高程；对于排水管道，一般应标注楼面、地面、立管上的通气帽及检查口、主要横管及排出管的起点标高。终点标高可不必标注，可按照坡降在施工敷设时定出。

(3)标注坡度：给水系统的管道因是压力流，所以水平管道一般是不需敷设坡度的。排水系统的管道是重力流，排水横管、排出管应敷设一定坡度，且应标注。在坡度数字前需加代号"i"，并用箭头表示坡度方向。只有当排水横管采用标准坡度或坡度相同时，可在图中省略不注，而在施工图中统一列表说明。

3. 给水排水管道轴测图的绘图步骤

(1)给水管道绘图步骤

①设定 OX、OY、OZ 坐标轴在图面的适宜位置。

②先画引入管，再画出与引入管相连的给水立管、干管。

③在立管上定出地面、楼面和各支管的高度。根据各支管的轴向，画出与立管相连的支管。

④画出淋浴喷头、大便器冲洗管、水嘴等图例符号。

⑤注上各管道的直径和标高，如图8-9所示。

（2）排水管道绘图步骤

①轴向选择与给水管道应一致，先画排出管，再画水平横干管，最后画立管。

②根据设计标高确定立管上的地面、楼面和屋面的位置。

③根据卫生设备、管道附件（如地漏、存水弯等）的安装高度以及管道坡度确定横支管的位置。

④画卫生设备的存水弯、连接管，并画管道附件，如检查口、通气帽等的图例符号等。

⑤画各管道所穿墙、梁的断面符号。

⑥在适宜的位置标注管径、坡度、标高、编号以及必要的文字说明等，如图8-10所示。

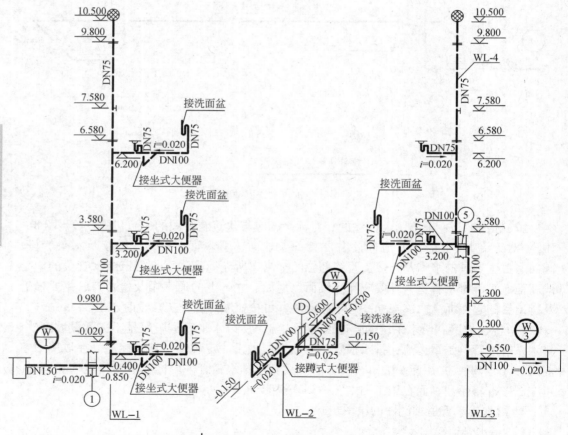

建筑排水管道轴测图 1:50

图8-10　建筑排水管道轴测图

8.3 室外管网平面布置图

室外给水排水施工图主要是表明房屋建筑的室外给水排水管道、工程设施及其与区域性的给水排水管网、设施的连接和构造情况。室外给水排水施工图一般包括室外给水排水管网平面图、高程图、纵断面图及详图。对于规模不大的一般工程，则只须画出平面图即可表达清楚。

1. 室外给水排水管网平面图的内容

室外给水排水管网平面图是以建筑总平面图的主要内容为基础的，它表明建筑小区（厂区）或某栋建筑物室外给水排水管道布置的情况，一般包括以下内容：

（1）建筑总平面图的主要内容，表明地形及建筑物、道路等平面布置及标高状况。

（2）该区域内给水排水管道及设施的平面布置、规格、数量、标高、坡度、流向等。

（3）当给水和排水管道种类繁多、地形复杂时，给水与排水管道可分系统绘制或增加局部放大图、纵断面图。

2. 小区室外给水排水管网平面图的识读

（1）了解设计说明，熟悉有关图例。

（2）区分给水与排水及其他用途的管道，分清同种管道的不同系统。

（3）分系统按给水及排水的流程逐个了解阀门井、水表井、消火栓和检查井、雨水口、化粪池以及管道的位置、规格、数量、坡度、标高、连接情况等。必要时需与建筑给水排水平面图，尤其是首层平面图及其他室外有关图纸对照识读。

下面以前述别墅区给水排水管网总平面图为例识读如下（图8-11）：

①给水系统：给水管道从东南角市政给水管网引入，管径为 DN150，其上设置了两个室外消火栓，该管道沿途分设支管分别接入两栋别墅，支管上分别设有两个水表井 BJ-1 和 BJ-2，内装水表及控制阀门。给水管道一般只标注管径和长度。

②排水系统：根据市政排水管网提供的条件采用合流制，雨水管、污水管合一排放。西侧三层别墅的北面和西面的排出管经检查井 JJ-4、JJ-5、JJ-6 排入化粪池，经化粪池预处理后，汇集雨水口的雨水，一起排入道路旁的排水干管。三层别墅东侧的排出管经检查井 JJ-9、JJ-10 与东面的四层别墅的排出管的污水汇合排入化粪池。两栋别墅的污水和雨水经排水干管均排入东南角的城市排水管网。

由于排水管道经常要疏通，所以在排水管的起端、两管相交点和转折点均要设置检查井，两检查井之间的管道应是直线，不能做成折线或曲线。排水管是重力自流管，因此在小区内汇集向排水干管排出，图中箭头表示流水方向。

为了说明管道、检查井的埋设深度，以及管道坡度、管径大小等情况，对较简单的管网布置可直接在平面图中注上管径、坡度、流向、检查井的井盖标高和井内底标高。如在图8-11中每个检查井之间均标注了管径、坡度、水流方向及长度。由于比例较小，仅标注了一处检查井的井盖标高和井内底标高以示说明。

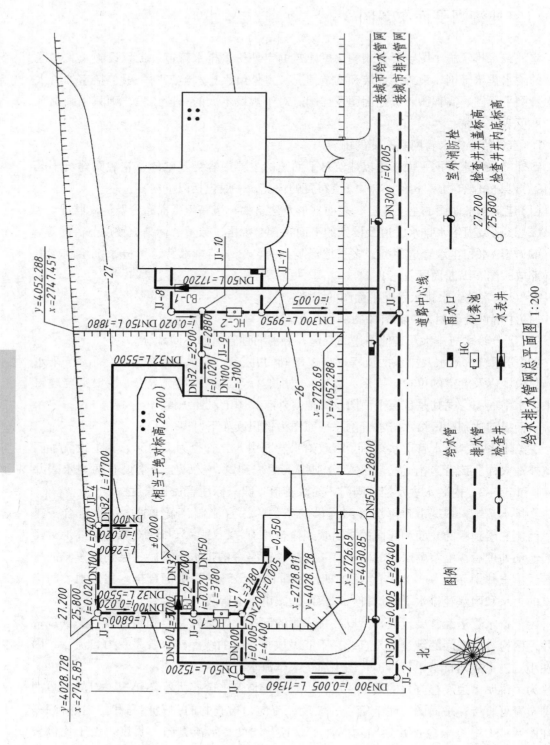

图8-11 某别墅区给水排水管网总平面图

3. 室外给水排水管网平面图的绘制

(1)选定比例尺，画出建筑总平面图主要内容，用中实线(0.5b)画出房屋外轮廓，用细实线(0.25b)画出其余地物、地貌和道路，绿化可略去不画。

(2)根据首层管道平面图，画出各房屋建筑给水系统引入管和排水系统排出管。

(3)根据市政原有给水系统和排水系统的情况，确定小区内与房屋引入管和排出管相连的给水管道和排水管道。一般用中粗实线(0.7b)表示给水管道，用粗虚线(b)表示排水管道。

(4)用图例画出给水系统的水表、阀门、消火栓，以及排水系统的检查井、化粪池及雨水口等。

(5)注明管道类别、控制尺寸(测量坐标)、节点编号，各建筑物、构筑物的管道进出口位置，并用图例及有关文字说明等。当不绘制给水排水管道纵断面图时，图上应将各种管道的管径、坡度、管道长度、标高等标注清楚。

*第9章　道路工程图

9.1　概述

　　道路是一种主要供车辆行驶的带状结构物。按其交通性质和所在位置来划分，道路可分为公路和城市道路两大类。位于市郊、乡村、厂矿、林区的道路称为公路，位于城市范围之内的道路称之为城市道路。

　　道路主要由路基和路面组成，通常还有一定数量的桥梁、涵洞、匝道、隧道、立体交叉、防护工程以及排水设施等构造物。

　　根据我国交通运输部发布的《JTG B01—2014 公路工程技术标准》的规定，按公路的功能并结合交通量、地形条件等因素来分，公路分为高速公路和一、二、三、四级公路五个技术等级。根据我国住房和城乡建设部发布的《CJJ 37—2012 城市道路工程设计规范》的规定，按道路在道路网中的地位、交通功能和对沿线的服务功能等因素来分，城市道路分为快速路、主干路、次干路、支路四个等级。

　　在制图标准方面，这类工程图执行的是《GB 50162—1992 道路工程制图标准》，其中有些规则与前述的建筑制图标准稍有不同，例如线性尺寸均采用单边箭头，图名规定注写在图形的上方等。这是读者学习时要留意的。

9.2　路线工程图

　　道路路线是指道路沿长度方向的中心线。道路路线的线型由于受地形、地物和地质条件的限制，在平面上是由直线段和曲线段组成，在立面上则是由平坡段和上、下坡段以及竖曲线组成，因此从总体上看，道路路线是一条不规则的空间曲线。

　　由于道路是建筑在大地表面狭长的地带上，因此表达道路路线的图示方法与一般结构物的图示方法有所不同。它是以地形图作为平面图，以纵向展开的断面图作为立面图，以横断面图作为侧面图，并且各图都各自画在单独的图纸上，综合这三种图样来表达道路的空间位置、形状、大小和施工要求。

　　路线工程图主要由路线平面图、平面总体设计图、路线纵断面图和路基横断面图组成。

9.2.1　路线平面图

　　路线平面图的作用是表达道路的长度、位置、走向、平面线型（直线和左、右弯道）、道路上各构造物的位置和规格以及道路两侧一定范围内的地形、地物和供测量用的导线点等情况。

　　图 9 – 1 为某高速公路 K168 + 160 至 K168 + 860 段的路线平面图。

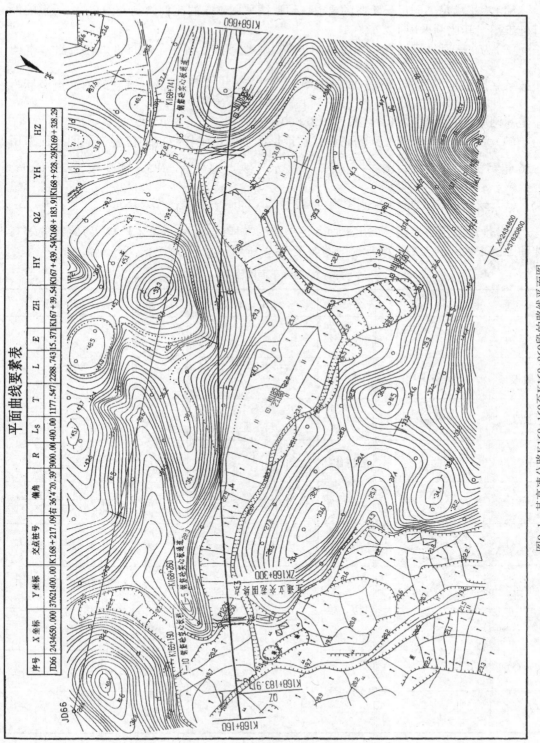

平面曲线要素表

序号	X坐标	Y坐标	交点桩号	偏角	R	L_S	T	L	E	ZH	HY	QZ	YH	HZ
JD66	2434650.000	37621400.00	K168+217.09	右36°4'20.39"	3000.00	400.00	1177.547	2288.743	15.371	K167+39.54	K167+439.54	K168+183.91	K168+928.29	K169+328.29

图9-1 某高速公路K168+160至K168+860段的路线平面图

土建工程制图

1. 地形部分

（1）为了满足不同设计阶段的要求，地形图采用不同的比例绘制。图 9−1 所示的设计施工图，其比例采用 1:2000。

（2）为了表示地区的方位和道路的走向，在地形图上画出了坐标系和指北针。本图坐标系采用 1954 年北京坐标系统。图中 $\dfrac{X=2\,434\,800}{Y=37\,620\,800}$ 表示两垂直线的交点坐标为距坐标网原点北 2 434 800m，东 37 620 800m。

（3）为了测量地面和道路的高程，在地形图上画出了导线点的位置。本图高程采用 1956 年黄海高程系统。图中 $\boxed{\cdot}\ \dfrac{N1185}{23.180}$ 表示导线点编号为 1185，其高程为 23.180m；$\odot\ \dfrac{P1226}{20.650}$ 表示支导线点（也叫图根点）编号为 1226，其高程为 20.650m。

（4）地形图是用根据已测出地面各控制点的高程（如 ·32.5，·35.3 等）绘出的等高线和图例来表示的。平面图常用图例如表 9−1 所示。

表9−1 路线平面图图例

名 称	图 例	名 称	图 例	名 称	图 例
交 点		竹 林		冲 沟	
图根点		稻 田			
水准点		树 林		鱼 塘 或 水 池	
导线点		经济作物			
三角点		涵 洞		大 堤	
房 屋		小 路		小 堤	
经济林		桥 梁		边 坡	
旱 地				电讯线	
菜 地		河 流		低压电线	
草 地				高压电线	

由图 9-1 中可以看出，等高线密集处山坡的坡度较陡，两等高线间距较大处其坡度较平缓。由图中的等高线高程可看出两相邻等高线的高差为 1m，图的上方、中下和右下部为山区，最高峰在右下部，高程为 86.5m，山上种有松树。在右上方的山地种有茶树。图的左下和中部地势较低，为水稻田，并有多处冲沟。左下方有一条小河自西北向东南流去。

2. 路线部分

(1)在路线平面图中，道路是沿着道路中心线用粗实线表示的，这条粗实线通常称为路线。

(2)道路的长度用里程表示，并规定里程由左向右递增。里程的千米桩画在路线前进方向的左侧，用符号""标记(本图中未显示)。里程的百米标画在路线的右侧，用垂直于路线的短线"∣"标记，百米标的数字写在短细线的下方，字头朝上。本图表示了"2"至"8"共七个百米标。

(3)路线的平面线型有直线和曲线(包括圆曲线和缓和曲线)两种。对于曲线型路线在平面图中用交角点(JD)编号和"平面曲线要素表"来表示。各要素的含义如图 9-2 所示：

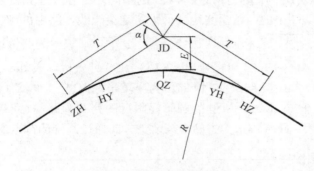

图 9-2 平面曲线要素

图中　JD——交角点；

　　　α——(左、右)偏角；

　　　T——切线长；

　　　R——圆曲线半径；

　　　E——外矢矩；

　　　C——曲线长；

　　　L_S——缓和曲线长；

　　　ZH(直缓)——由直线至缓和曲线的变化点；

　　　HY(缓圆)——由缓和曲线至圆曲线的变化点；

　　　QZ(曲中)——曲线的中点；

　　　YH(圆缓)——由圆曲线至缓和曲线的变化点；

　　　HZ(缓直)——由缓和曲线至直线的变化点。

在路线平面图中宜在曲线内侧用引出线的形式表示出这些点并标注名称和桩号。

图 9-1 中表示了交角点 JD66 的位置和 QZ 的里程为 K168+183.91。其他平面曲线

要素都在"平面曲线要素表"中列出。由于 YH 里程为 K168 + 928.29，故图 9 - 1 所表示的路段（K168 + 160 至 K168 + 860）全部位于半径为 3000m、右偏角为 36°4′20.39″的圆曲线弯道上。

（4）在图 9 - 1 中还表示了该段里程中有一座桥和两处通道，并分别标明了它们的中心里程和规格。如在中心里程为 K168 + 190 处有一座单孔孔径为 10m 的钢筋砼空心板桥。另外在 ZK168 + 300 处标示为互通立交的终点，说明本图 K168 + 160 至 ZK168 + 300 段圆曲线位于互通立交的主线范围之内。

在这里顺便指出，根据《道路工程制图标准》的规定，尺寸标注中的尺寸起止符推荐采用单边箭头，如图 9 - 2 所示。箭头在尺寸界线的右边时，应画在尺寸线之上方；反之，应画在尺寸线的下方（当不宜采用单边箭头时，可用斜短画或圆点代替）。

9.2.2　平面总体设计图

为了对路基外的排水系统进行平面总体设计，还需给出"平面总体设计图"，如图 9 - 3 所示。

由图 9 - 3 可以看出，它与"路线平面图"的不同之处在于道路的水平宽度也是按地形图的比例给出的。图中的两条粗实线表示为路基边缘线，路中的细实线表示为中央分隔带。图中的"＿＿＿＿＿"表示路堤边坡，"＿＿＿＿＿"表示为路堑边坡，"＿＿＞"表示排水沟的排水方向。由图 9 - 3 可以看出，K168 + 190 处板桥和 K168 + 260 处通道两边的路基为路堤，K168 + 400 至 K168 + 540 路段为半填半挖路基，排水沟和截水沟的水沿箭头方向最后排入河流中；K168 + 680 处圆管涵附近的路基为路堤，K168 + 741 处通道至 K168 + 860 段为路堑，路基排水沟中的水按箭头方向通过圆管涵排走。

9.2.3　路线纵断面图

路线纵断面图是用假想的铅垂面沿着道路中心线进行剖切展平而成的。由于道路中心线由直线和曲线所组成，因此剖切的铅垂面可有平面和柱面。为了清晰表达道路的纵向和原地面情况，故采用展开的方法将剖切所得的断面，展平为一个立面，形成了路线纵断面图。

路线纵断面图的作用是表达道路的纵向线型（平坡或上、下坡）以及原地面起伏、地质、沿线构造物的设置等概况。

路线纵断面图的内容包括图样和资料表两部分。图 9 - 4 为某高速公路 K166 + 740 至 K167 + 420 段的路线纵断面图。

1. 图样部分

（1）由于路线纵断面图是用展开剖切的方法获得的断面图，因此它的长度就表示了道路的长度。在图样中水平方向表示长度，垂直方向用标尺表示高程。

（2）由于路线和地面的高差比路线的长度小得多，为了清晰显示垂直方向的高差，图样中规定垂直方向的比例按水平方向的比例放大 10 倍。在图 9 - 4 中，水平方向采用 1：2000，而垂直方向则采用 1：200 的比例。

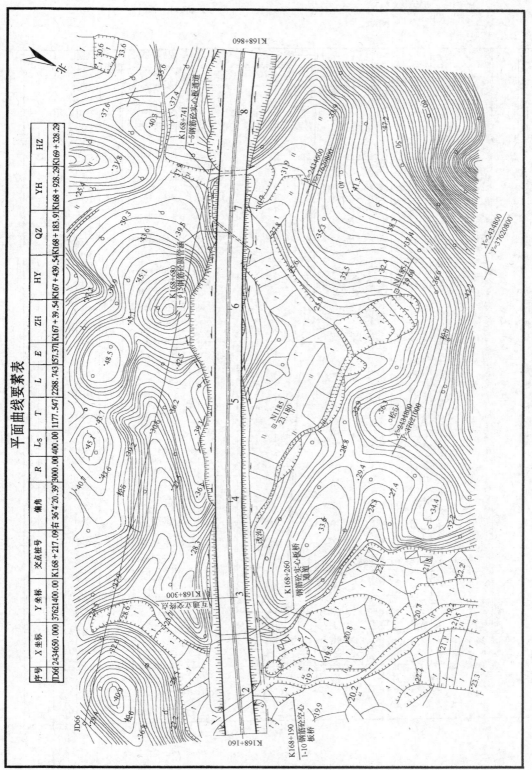

平面曲线要素表

序号	X 坐标	Y 坐标	交点桩号	偏角	R	L_S	T	L	E	ZH	HY	QZ	YH	HZ
JD66	2434650.000	3762140.000	K168+217.09	右36°4'20.39"	3000.00	400.00	1177.547	2288.743	157.37	K167+39.54	K167+439.54	K168+183.91	K168+928.29	K169+328.29

图9-3 路线平面总体设计图

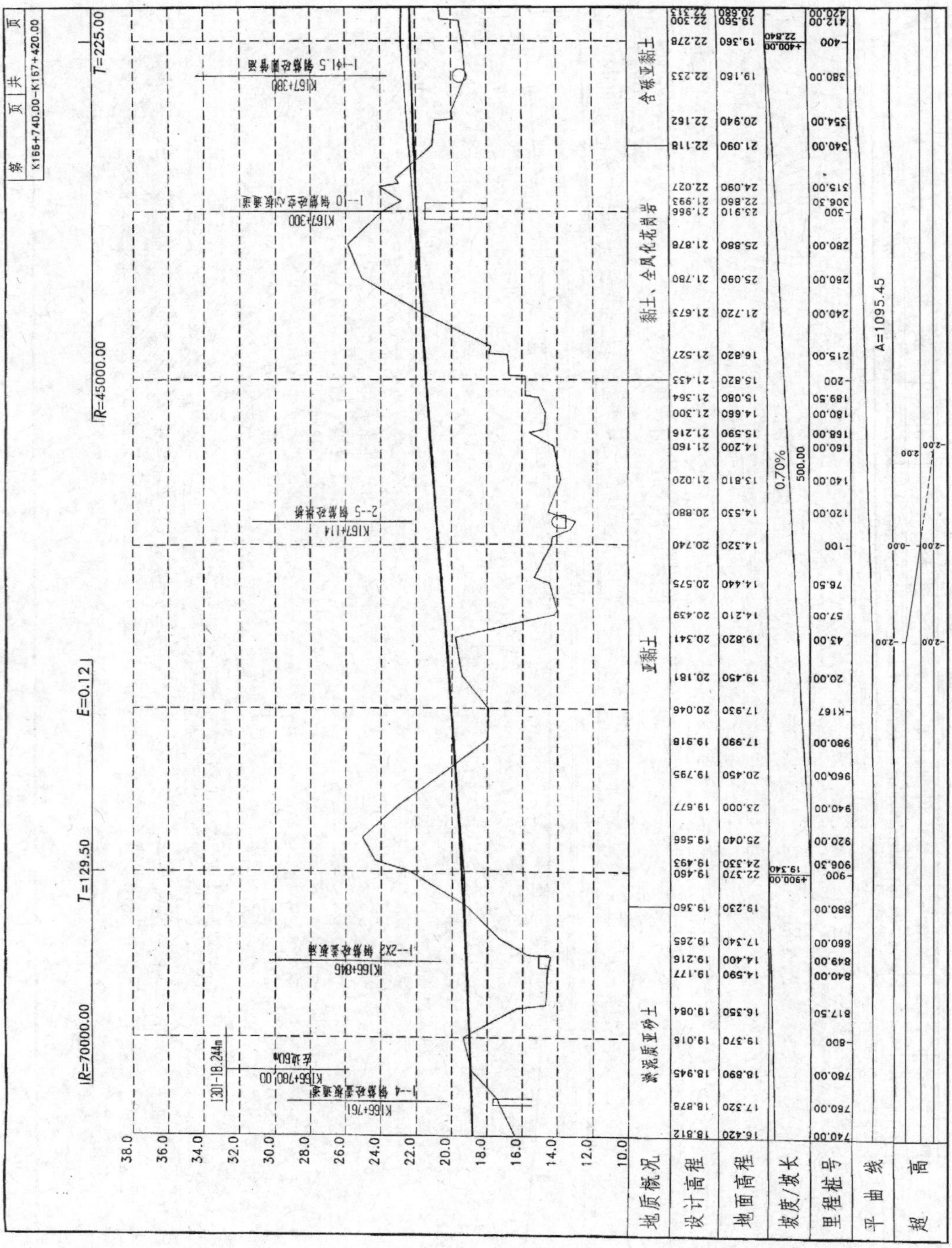

土建工程制图

图9-4 路线纵断面图

（3）图中的粗实线为道路纵向设计线。从图中可以看出粗实线自左向右是由低逐渐升高，说明在此路段中道路是上坡路段。图中的细折线表示道路中心线处的纵向原地面线，它是根据水准测量得出的原地面上一系列中心桩的高程按比例画在图纸上后连接而成。比较设计线和地面线的相对高度，可以得出填方或挖方的高度，并可看出该地段设置构造物的位置。如在 K167 + 114 处，道路处于填方段，为排水需要，设置了一座钢筋砼拱桥，用"⌂"图例表示。图中还标出了其他构造物的位置、名称和规格。其中圆管涵用"○"、盖板涵用"▢"、通道用"Ⅱ"图例表示。

（4）根据公路工程技术标准的规定，为利于车辆行驶，在设计线纵坡变更处，当两坡度差超过一定数值时需设置竖曲线。竖曲线分为凸形和凹形两种，分别用"┌───┐"和"└───┘"表示，并在其上注明竖曲线的半径 R、切线长 T 和外矢距 E。如图 9 - 4 中，在 K166 + 900 处设有一凹形竖曲线，其半径为 70000m，切线长为 129.50m，外矢距为 0.12m。

（5）图样中还标出了水准点的位置。如在 K166 + 780 左边 60m 处有一个编号为 1301 的水准点，其高程为 18.244m。

2. 资料表部分

路线纵断面图的资料表是与图样上下对应布置的。资料表上列有"里程桩号""坡度/坡长""设计高程""地面高程""地质概况""平曲线"和"超高"栏等，如图 9 - 4 所示。

由"坡度/坡长"栏可看出，在 K166 + 900 至 K167 + 400 路段为上坡，坡长为 500m，坡度为 0.70%，设计高程由 19.34 上升至 22.84m。在 K166 + 900 处虽前后两路段都为上坡，但因为坡度数值不同（由小坡转为大坡）且坡度差超过了技术标准的规定，因此设置了一个凹形竖曲线。在 K167 + 400 处，前后坡段由上坡转为下坡，则设置了一个凸形竖曲线。

在资料表中有"平曲线"一栏，它表示了该路段的平面线型情况，结合纵断面一起分析，便可知道该路段的空间状况。在图 9 - 4 中，K166 + 740 至 K167 + 043 路段的平面线型为直线段，而在纵断面中表示为上坡，因此该路段为直线上坡路段。而在 K167 + 043 至 K167 + 400 路段则为右偏角弯道的上坡路段。

在资料表中还有"超高"一栏，表示了弯道路段路面的超高情况。所谓"超高"是指弯道上外侧路面比内侧路面高出的数值（以坡度表示），用以克服汽车转弯时所产生的离心力，保证车辆以一定车速行驶时的安全。

9.2.4　路基横断面图

路基横断面图是假设在通过道路中心线上某桩号处，作一垂直于道路中心线的铅垂面进行剖切所得的断面图。

路基横断面图的作用是表达设计路基横断面的形状和尺寸，以及各中心桩处地面横向的起伏情况。工程上要求在每一中心桩处，根据测量资料和设计要求依次画出每一个路基横断面图，用来计算道路的土石方数量，作为路基施工的依据。

如图9-5所示，左半图为挖方路堑的标准横断面，右半图为填方路堤的标准横断面。高速公路的路基在双向车道中间设有分隔带，在行车道的两侧设有防护栏，以保证车辆行车安全。为了利于排水，保护路基，行车道的路面向外侧倾斜一定坡度（称为路拱），外侧还设有纵向排水沟。在路堑路段纵向排水沟的外侧还需设碎落台和截水沟等。

路基横断面的形式基本上有三种：

（1）填方路基称为路堤，边坡坡度采用1：1.5；

（2）挖方路基称为路堑，边坡坡度视土质而定；

（3）半填半挖路基。

图9-6为某高速公路K169+200至K169+280路段的横断面图。在同一张图纸上，横断面图的排列顺序是从下到上、从左到右画出。图中原地面线用细折线表示，设计线用粗实线表示。每个横断面图的下方注有该断面的里程桩号、设计标高处的填方高度T（m）或挖方高度W（m），以及该断面的填方面积A_T（m^2）和挖方面积A_W（m^2）。由图9-6可看出该图纸中画出了两个填方路基、三个挖方路基和两个半填半挖路基横断面图。其中，在K169+220里程桩号的图中表示了一个半填半挖路基的横断面情况。该断面路基的设计高程为33.79m，填方路基路面坡度为-2.00%，挖方路基路面坡度为-1.61%，对比相邻断面的路面坡度，可知该断面是处于左边超高路段，说明该路段位于右偏角的弯道上。路堑边坡的坡度采用1：1。由于该断面在设计高程处为挖方，所以其挖方高度W为0.62m，该断面的挖方面积A_W为35.34m^2，填方面积A_T为62.28m^2。

9.2.5 道路交叉口

不同方向的两条或多条道路相交的部位称为道路交叉口。其形式可分为平面交叉口和立体交叉口两大类。

1. 平面交叉口

平面交叉口是指各相交道路的中线在同一高程处相交的道口。常见的有十字形、X字形、T字形、Y字形和错位交叉形（——┬——┴——）等。

此外，在城市道路中还经常采用环形交叉口（俗称转盘），进入交叉口的车辆一律作逆时针单向行驶，直至所去路口。

在设计工作中，除必须绘出平面设计图外，还需绘出它的竖向设计图。竖向设计高程，对较简单的交叉口仅标注出若干个控制点的高程、排水方向和坡度即可。对复杂的交叉口则常用等高线或网格高程表示。

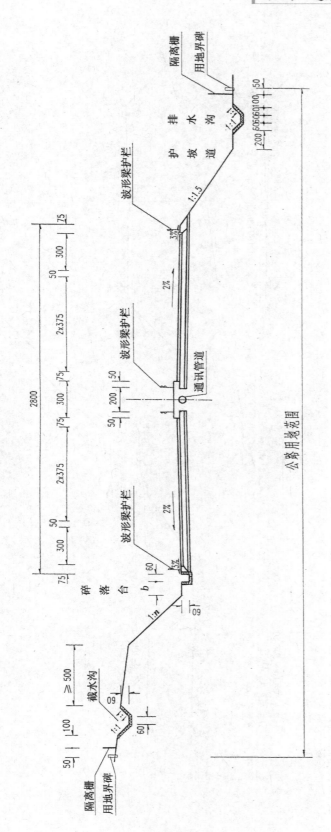

路基标准横断面 1:200

注：
1. 本图尺寸均以cm为单位。
2. 在挖方路段，地下水位高于路基时，设置纵向横向盲沟。
3. 挖方路段碎落台的宽度b值视边坡高度而定，当边坡高度超过12 m时，b=2 m，其余路段b=1 m。
4. 全路段均设置波形梁护栏，以保证行车安全。

图9-5 某高速公路路基标准横断面图

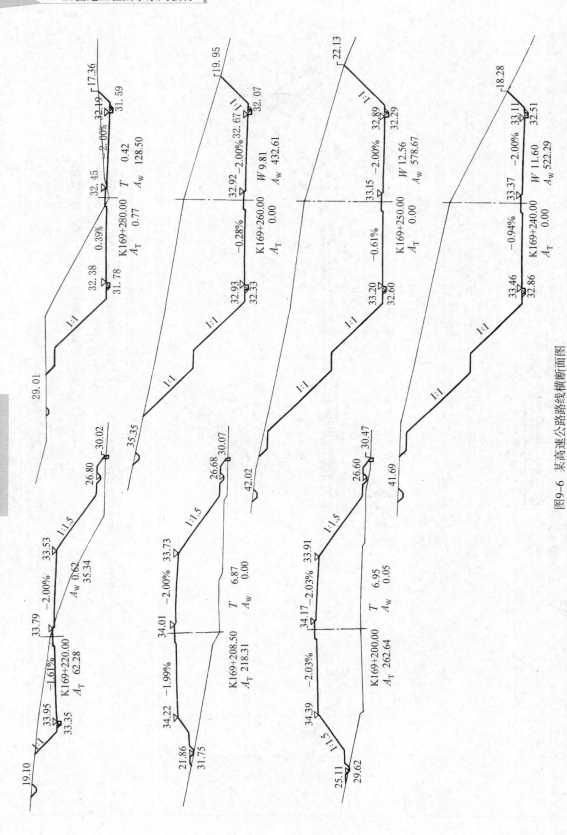

图9-6 某高速公路路线横断面图

图9-7所示是某城市道路的一个环形交叉口竖向设计图实例。该交叉口路面的竖向设计高程用网格高程表示，各点的高程数字分别标注在网格交点的右上方。网格采用平行于设计线路中线的细实线绘制，道路排水方向（及坡度）用单边箭头表示（图中分别为由北向南、由东向西，排水坡度则分别为：0.27%、0.75%、2.90%和2.30%）。该交叉口的中心岛为圆形，详细尺寸见该交叉口的平面设计图。岛外以9.6m宽的圆环带为界，环内向内排水，环外向外排水。

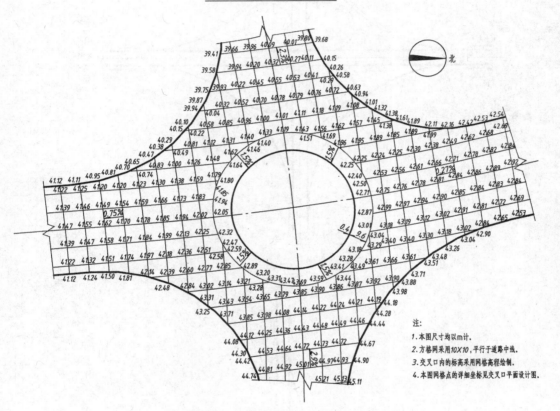

注：
1. 本图尺寸均以m计。
2. 方格网采用10×10，平行于道路中线。
3. 交叉口内的标高采用网格高程绘制。
4. 本图网格点的详细坐标见交叉口平面设计图。

图9-7 某环形交叉口竖向设计图

2. 立体交叉口

立体交叉口是指交叉道路在不同高程处相交的道口，使各相交道路上车流互不干扰，大大提高该交叉口的通过能力。

互通式立交常见的基本形式主要有三岔相交喇叭型、四岔相交苜蓿叶型两种，如图9-8所示。

立体交叉工程图主要有：立交线位图、匝道纵断面图、匝道道口布置图和匝道路基横断面图等。它们的绘制原则与路线工程图基本相同，但相对复杂些（详见有关的专业书籍），本教材在这里仅对立交线位图作简单的介绍。

为了清晰表达立交各条路线的平面线型和位置的情况，规定各条路线均采用粗实线表示（图9-9）。

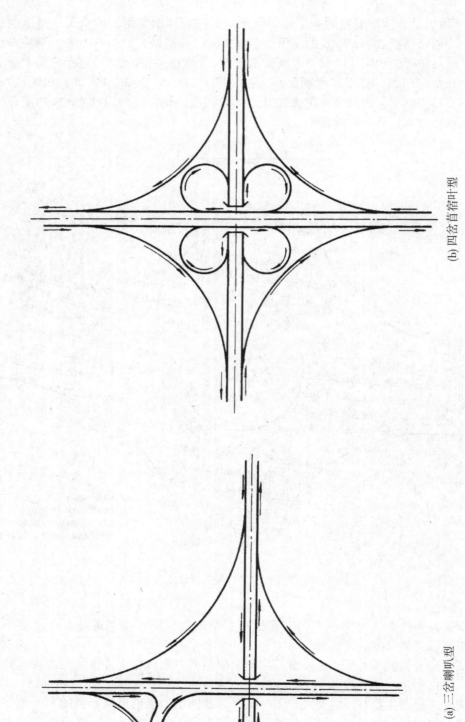

(b) 四岔苜蓿叶型

(a) 三岔喇叭型

图9-8 互通式立交的两种基本形式

匝道特征点数据表（部分）

特征点	桩号	X(N)	Y(E)	切线方位角
匝道名称：SS				
SS起点	K0+0.000	481925.138	356850.515	82.169499
ZH	K0+165.754	481947.721	357014.723	82.169499
HY	K0+240.754	481961.015	357088.483	75.007526
YH	K0+560.138	482178.177	357301.951	14.009707
HZ	K0+635.138	482252.154	357313.979	6.847735
ZH	K0+838.669	482454.233	357338.246	6.847735
HY	K0+955.248	482565.067	357370.250	34.679081
SS终点	K1+47.227	482614.420	357445.204	78.955590
匝道名称：SG				
SG起点	K0+0.000	482096.189	357275.809	90.267752
GQ	K0+106.917	482194.023	357318.572	20.282611
HY	K0+200.622	482280.310	357354.914	27.952466

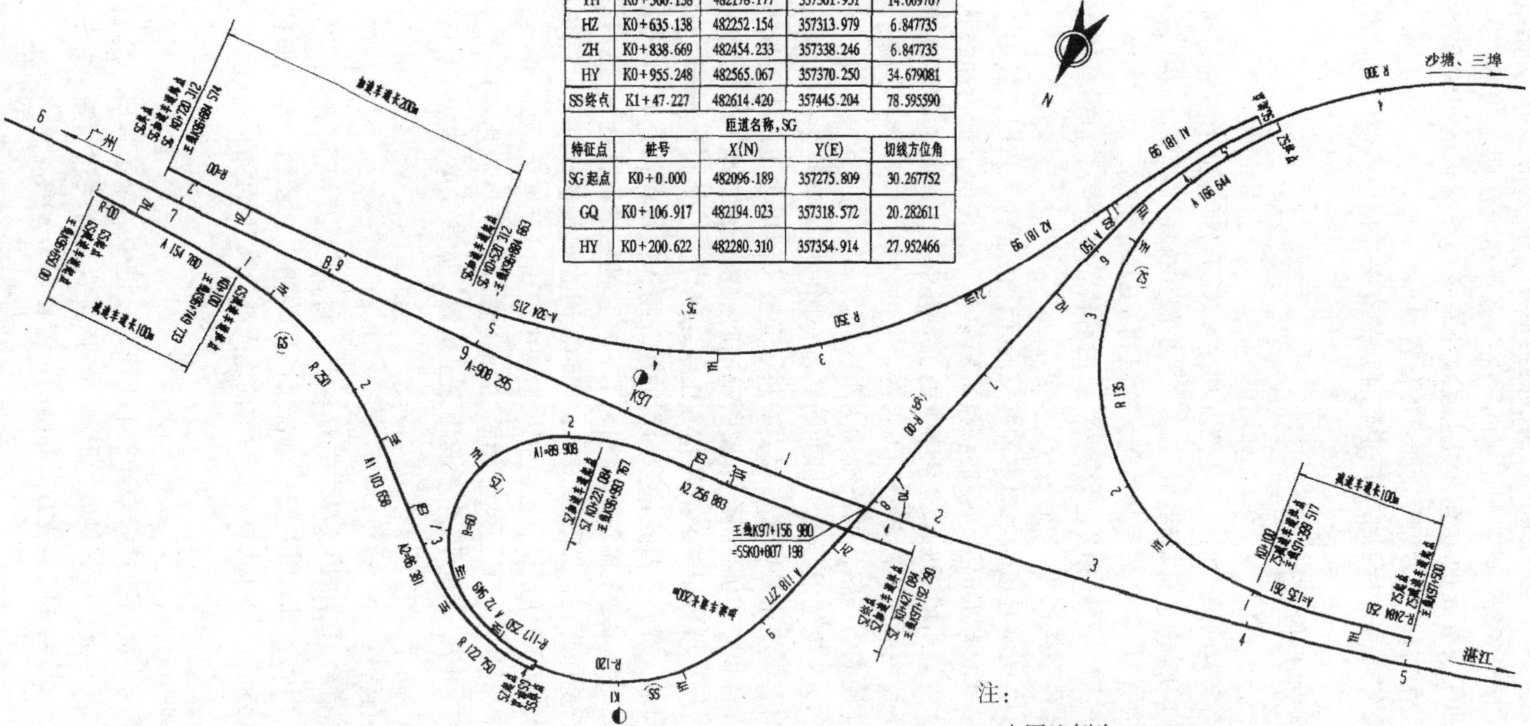

注：
1. 本图比例为1：2000。
2. 本图采用1954年北京坐标系。

图9-9 互通式立交线位图

在该图中，表达了某高速公路线路与地方公路线路之间是通过互通立交的 SS、SZ、SG、ZS、GS 等多条匝道互相连接的。在每条匝道上注明了起终点的位置、半径 R 的数值、缓和曲线系数 A 的数值、加速或减速车道的起终点的里程和长度，以及匝道上的 ZH、HY、YH、HZ 和 GQ 等特征点的位置。

在该图中还列表标明了各匝道特征点的有关数据，以便施工时进行控制。

9.3　桥梁工程图

当道路跨越河流、山谷或道路互相交叉时，为了保证道路的畅通，需要架设桥梁。

桥梁的构造由上部结构(含主梁、主拱圈和桥面)、下部结构(桥台、桥墩和基础)以及附属结构(栏杆和灯柱及其他防护构筑物)三部分组成。

修建一座桥梁需用的图纸很多，一般有桥位平面图、桥梁总体布置图、桥位地质纵断面图和构件结构图等。

图 9 – 10 所示是道路工程中最常见的几种桥梁的示意图。其中，梁桥的上部承重构件为梁，常见的有 T 形梁、空心板梁、箱梁等。拱桥的上部为曲线状结构，曲线可以是圆弧、抛物线等。桥面支承在悬索上的桥为悬索桥。从直立的桥塔顶部下拉一系列倾斜的钢索，吊住主梁的不同部位，以保持主梁的稳定，这种桥称为斜拉桥。主梁梁身和桥墩或桥台连接成为一整体的桥则称为刚构桥。

图 9 – 11 是钢筋混凝土梁桥的肋式桥台构造图实例。

桥台的主要作用是用来支承主梁并承受桥头路堤填土的水平推力。常见的桥台有 U 形重力式桥台和肋式桥台等。本图所示的肋式桥台由前墙、耳墙、挡块、台身、承台和桩基以及锥形护坡等组成。其构造在图中用了立面、平面和侧面三个图来表达。

众所周知，道路工程中许多附属的建筑物和构筑物都是大同小异的。为了缩短设计周期，有关部门为这些附属工程制定了一整套的标准设计图集，以供选用或借鉴。本桥台的设计正是如此，该图表明该桥台在施工时必须按照标准设计图集中同一类桥台的通用构造图来执行。即是说，在这张构造图中仅给出了该桥台因地制宜所特定的某些组成部分的形状和尺寸，而另一些"相同"的组成部分的尺寸则用字母代号来表示，其具体数值用相应的"附表"来说明(本教材因限于篇幅，附表从略)。下面，仅对该图的识读要点作简要介绍。

1. 立面图

由于该桥台的结构形式是左右对称的，实际上是互相并列的分离式的两座构造完全相同的桥台，因此该图采用了简化画法，即仅绘制出全图的一半。而且，该图是沿倾斜的"路线前进方向"(见平面图)对桥台的前立面进行投射所得的，可见该半立面图实际上是斜投影图。

2. 平面图

该图是与半立面图对应布置的半平面图。图中表示了耳墙、前墙、盖梁、台身、承台和桩基以及锥形护坡、斜坡的形状、平面位置和有关尺寸等，并清晰地反映出了其盖梁的长度方向与路线的前进方向的倾斜角度 α 等于 20°。

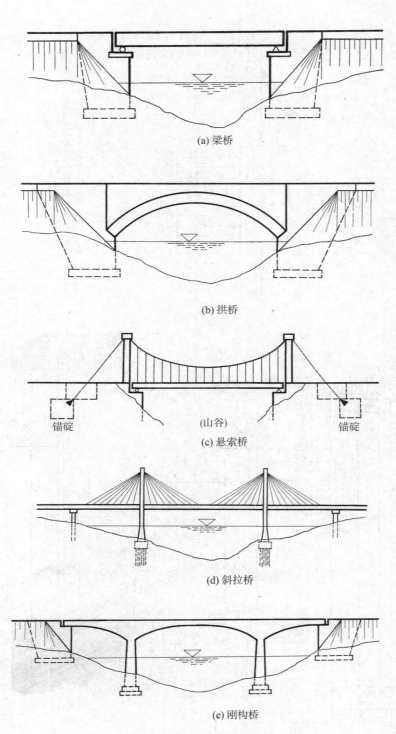

(a) 梁桥

(b) 拱桥

锚碇 (山谷) 锚碇

(c) 悬索桥

(d) 斜拉桥

(e) 刚构桥

图 9-10 常见桥梁的示意图

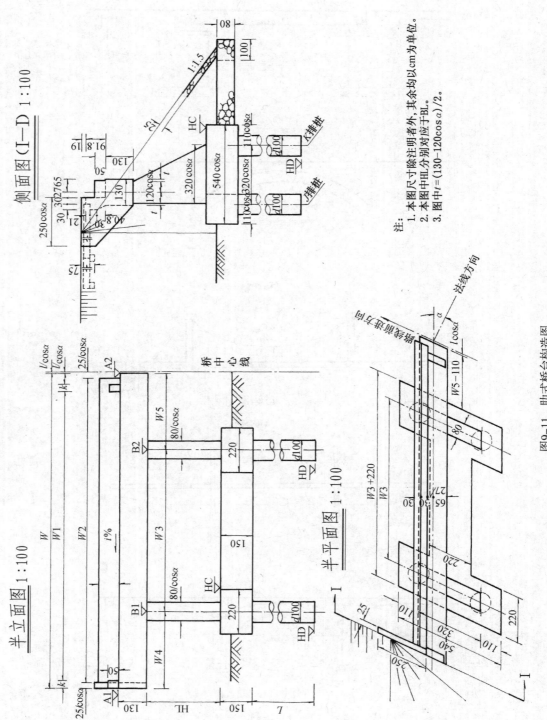

侧面图（I—I）1:100

半立面图 1:100

半平面图 1:100

注：
1. 本图尺寸除注明者外，其余均以cm为单位。
2. 本图中 BL 分别对应于 BL。
3. 图中 $t=(130-120\cos\alpha)/2$。

图9–11　肋式桥台构造图

3. 侧面图（Ⅰ—Ⅰ剖面图）

该图是沿路肩将路堤掀去后按Ⅰ—Ⅰ箭头所示的投射方向，将桥台侧面向侧立投影面投射所得的侧面图。图中表示了桥台各部分的侧面形状和尺寸，但这些形状不是各个侧表面的实形，而是按正投影法投射所得的类似形，这些类似形的水平宽度尺寸要比各个倾斜的侧表面的实际宽度缩小了一个系数 $\cos\alpha$，故在图中对有关尺寸都乘上了这个系数。此外，为了达到表达完整的效果，图中还用细实线表示了锥体护坡，并分别用粗实线、虚线表示了护坡断面坡度和搭板的位置。

至此，可以说对该桥台有了一个基本的和比较全面的认识。但要彻底弄懂这个图，还需结合有关桥位平面、总体布置图、桥位地质纵断面图以及其本身的某些结构详图等才能达到。

图 9 – 12 所示是一座钢筋混凝土斜拉桥总体布置图，它由立面图、平面图和资料表三部分组成。从立面图可见，该桥全长 3458.20m……主桥上部结构采用三跨连续飘浮体系斜拉 P·C 桥板，引桥采用 35m 预应力简支 T 梁。在立面图中还绘制了地质纵断面图，在其上方还用符号表明该主桥位于半径为 10 000m 的凸形竖曲线上。

在平面图中除 86～90 号桥墩采用了掀去桩基上部的局部剖切画法，以显示桩基平面布置的情况外，其余皆为桥梁主体的平面图。

在立面图、平面图的下方设置的对应资料表中，分别表明了各处的设计标高、地面标高、坡度／坡长和里程桩号等。

9.4 隧道工程图

当道路通过山岭地区时，为了使路况符合技术标准要求，缩短行车里程和减少土石方数量，可修筑隧道来穿越山体。由于隧道洞身断面形状变化较少，因此表达隧道结构的工程图除了在"路线平面图"中表示它的位置外，它的构造图主要用进、出口隧道洞门图来表达。

隧道洞门大体上可分为端墙式和翼墙式两种。端墙式隧道洞门主要由洞门端墙、顶帽、拱圈、边墙、墙后排水沟、洞外排水边沟和洞顶仰坡等组成。

为了提高车速和车辆行驶安全性，以及施工便利，高速公路的隧道通常按行车方向分为左、右线单独修筑，再根据隧道进、出口地质和地形的不同分别设计洞门。图 9 – 13 为某隧道右线珠海端洞门设计图。

隧道洞门图一般由洞口平面、立面和剖面图来表达。具体识图由读者自行学习。

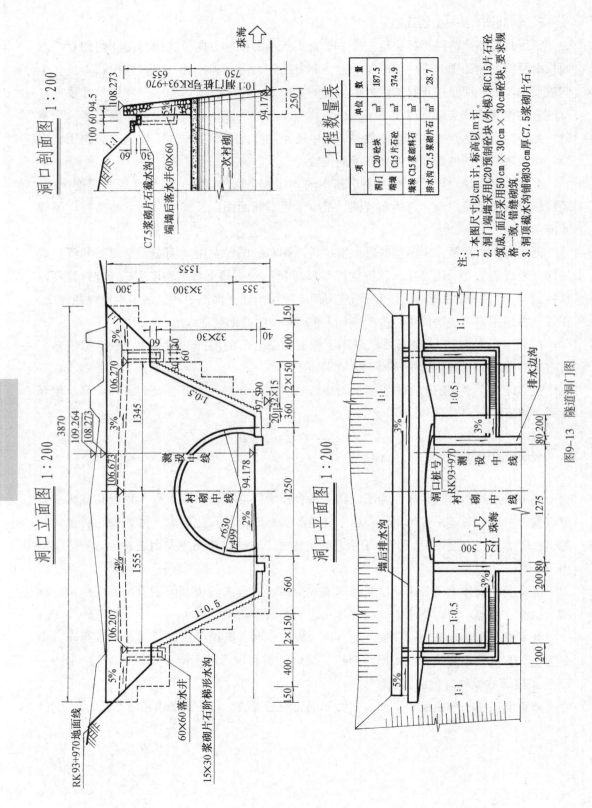

图9-13 隧道洞门图

9.5 涵洞工程图

涵洞是既可用于排水，也可用于过人（称为人行通道）的工程构筑物。涵洞与桥梁的区别在于跨径大小的不同，在公路工程技术标准中规定了涵洞与桥梁的区分，具体见有关标准。

涵洞的种类很多，按构造型式主要有圆管涵、盖板涵、拱涵和箱涵等。涵洞的孔数有单孔、双孔和多孔。涵洞上盖有覆土的称为暗涵，涵洞上没有覆土的称为明涵。

涵洞由进水洞口、涵身和出水洞口三部分组成。进、出水洞口的作用是保证涵身基础和路基免遭冲刷，使水流畅通。一般进、出水洞口部分的结构采用相同的型式。常用的型式为翼墙式洞口，主要由端墙、缘石、翼墙、隔水墙、洞口铺砌和基础等构成。其涵身部分根据涵洞结构的不同也有所不同。但不论何类涵洞，涵身下部均铺有砂砾垫层，周围需用回填砂填筑。

由于涵洞是用来过人、过水或二者兼有的狭长工程构筑物，因此表达涵洞结构的工程图是以水流方向作为纵向，用纵断面图代替立面图。为了清晰表达各部的构造，用进（或出）水洞口的正立面作为侧面图。涵身通常用断面图表达并给出涵身的填筑断面。

图9–14所示为某盖板暗涵的设计图。其进、出水洞口由八字翼墙式台墙、缘石、基础等构建而成，洞身还有隔水墙、铺砌和沙砾垫层等。具体识图由读者自行学习。

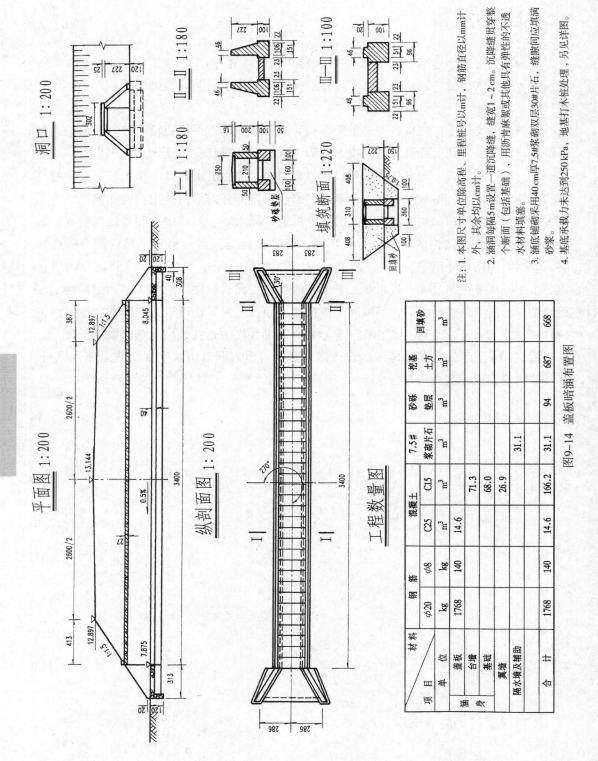

土建工程制图

洞口 1:200

Ⅰ—Ⅰ 1:180

Ⅱ—Ⅱ 1:180

Ⅲ—Ⅲ 1:100

填筑断面 1:220

砂砾垫层

回填砂

平面图 1:200

纵剖面图 1:200

工程数量图

注：1. 本图尺寸单位除高程、里程桩号以m计、钢筋直径以mm计
外，其余均以cm计。
2. 涵洞每隔5m设置一道沉降缝，缝宽1～2cm。沉降缝贯穿整
个断面（包括基础），用沥青麻絮或其他具有弹性的不透
水材料填塞。
3. 涵底铺砌采用40cm厚7.5#浆砌双层30#片石，缝隙间应填满
砂浆。
4. 基底承载力未达到250kPa，地基打木桩处理，另见详图。

项目	材料	钢筋		混凝土		7.5#浆砌片石	砂砾垫层	挖基土方	回填砂
	单位	φ20	φ8	C25	C15				
		kg	kg	m³	m³	m³	m³	m³	m³
涵身	盖板	1768	140	14.6					
	台墙				71.3				
	基础				68.0				
	翼墙				26.9				
	隔水墙及辅助					31.1			
合计		1768	140	14.6	166.2	31.1	94	687	668

图9-14 盖板暗涵布置图

第10章 轴测图

10.1 概述

正投影图(图10-1a)的优点是能够完整、严谨、准确地表达形体的形状和大小,其度量性好,作图简便,因此在工程技术领域中得到了广泛的应用;但这种图缺乏立体感,须经过专业技术培训才能看懂。因此,在工程上常采用一种仍然按平行投影法绘制,但能同时反映出形体长、宽、高三度空间形象的富有立体感的单面投影图,作为辅助图样来表达设计人员的意图。由于绘制这种投影图时是沿着形体的长、宽、高三根坐标轴的方向进行测量作图的,所以把这种图称之为轴测投影或轴测图(图10-1b)。

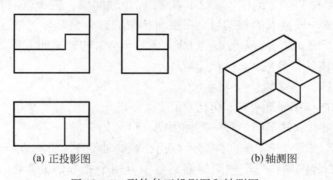

(a) 正投影图　　　　(b) 轴测图

图10-1　形体的正投影图和轴测图

10.1.1 轴测图的形成和分类

将空间形体连同在其上选定的直角坐标轴,沿不平行于该形体任一坐标面的方向,用平行投影法投射到单一投影面上所得的具有立体感的图形即为所求的轴测图,如图10-2中在投影面 P 上的图形所示。

从该图中可以看出,根据投射方向对轴测投影面的相对位置不同,轴测图可分为两大类:

(1)正轴测图:投射方向垂直于轴测投影面时所得的投影图(图10-2a)。

(2)斜轴测图:投射方向倾斜于轴测投影面时所得的投影图(图10-2b)。

10.1.2 轴测投影轴、轴间角和轴向伸缩系数

从图10-2可知,设 P 为轴测投影面,S 为投射方向,于是形体上的直角坐标轴 OX、OY、OZ 在轴测投影面上的投影分别为 O_1X_1、O_1Y_1、O_1Z_1,我们把这三根轴线统称

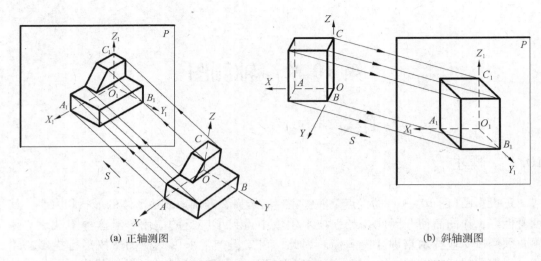

(a) 正轴测图　　　　　　　　　　　　　(b) 斜轴测图

图 10 – 2　轴测图的形成和分类

为轴测投影轴(简称轴测轴)。三根轴测轴相交汇的点 O_1 称为轴测原点。相邻两根轴测轴之间的夹角 $\angle X_1O_1Y_1$、$\angle X_1O_1Z_1$、$\angle Y_1O_1Z_1$ 称为轴间角，三个轴间角之和等于 $360°$。轴测投影轴上任意一段直线的长度与它在空间相应的直角坐标轴上的实际长度的比值称为轴向伸缩系数。设 p_1、q_1、r_1 分别为 OX_1、OY_1、OZ_1 的轴向伸缩系数，于是有：

O_1X_1 轴的轴向伸缩系数：$p_1 = O_1A_1/OA$；

O_1Y_1 轴的轴向伸缩系数：$q_1 = O_1B_1/OB$；

O_1Z_1 轴的轴向伸缩系数：$r_1 = O_1C_1/OC$。

再按轴向伸缩系数的不同，每一类轴测图又可分为三种：

(1)正(斜)等测图：三个轴向伸缩系数都相等的轴测图，此时 $p_1 = q_1 = r_1$。

(2)正(斜)二等测图：三个轴向伸缩系数中有两个相等的轴测图，此时 $p_1 = q_1 \neq r_1$ 或 $p_1 = r_1 \neq q_1$ 或 $q_1 = r_1 \neq p_1$。

(3)正(斜)三测图　三个轴向伸缩系数都不相等的轴测图，此时 $p_1 \neq q_1 \neq r_1$。

10.2　正等测图

10.2.1　正等测图的轴间角和轴向伸缩系数

为了获得形体的正等测图，必须使形体上选定的三根直角坐标轴与轴测投影面的倾角都相等，于是在这种特殊情况下投射所得的轴测轴两两之间的夹角也必定相等，亦即 $\angle X_1O_1Y_1 = \angle X_1O_1Z_1 = \angle Y_1O_1Z_1 = 120°$，如图 10 – 3a 所示。

再经数学推算可知，正等测图中的 O_1X_1、O_1Y_1、O_1Z_1 三根轴测轴的轴向伸缩系数为 $p_1 = q_1 = r_1 = 0.82$。又由于具体作图时，若对形体上每一个轴向尺寸都要乘以 0.82 后才能用来度量，将是很麻烦的事。因此，为了作图简便，常采用简化的轴向伸缩系数，即令 $p = q = r = 1$，这样画出的图形比按 $p_1 = q_1 = r_1 = 0.82$ 画出的图形，在各轴向的长度

上都分别放大了 $1/0.82 = 1.22$ 倍，但整个图形的立体形象没有改变，如图 10-3c 所示。

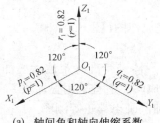

(a) 轴间角和轴向伸缩系数

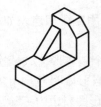

(b) 按 $p_1 = q_1 = r_1 = 0.82$ 作图

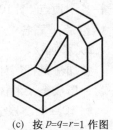

(c) 按 $p = q = r = 1$ 作图

图 10-3 正等测图的轴间角和轴向伸缩系数及两种作图结果的比较

10.2.2 平面形体正等测图的画法

1. 坐标法

根据轴测投影的规律，将形体上的各顶点或轴向直线长度按其坐标值移植到轴测坐标系中，定出各点、线、面的轴测投影，从而画出整个形体的轴测图，这种作图方法称为坐标法。

例 10-1 根据六棱柱的两面投影(图 10-4a)，试画出它的正等测图。

分析： 六棱柱的上、下底为正六边形，其前后、左右对称，故选定直角坐标轴的位置如图 10-4a，以便度量。画图步骤宜由上而下，以减少不必要的作图线。

作图：

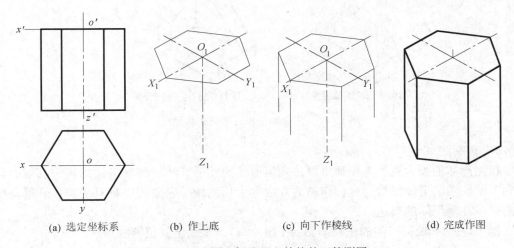

(a) 选定坐标系　　　(b) 作上底　　　(c) 向下作棱线　　　(d) 完成作图

图 10-4 用坐标法画六棱柱的正等测图

① 先画出位于上底的轴测轴，然后在 O_1X_1 轴上以 O_1 为原点对称量取正六边形左、右两个顶点的距离使之等于正六边形顶面的对角线距离；在 O_1Y_1 轴上对称量取 O_1 到前、后边线的距离使之等于正六边形顶面的对边距离，并画出前、后边线；此前、后边线平行于 O_1X_1 轴，长度等于正六边形的边长，且对称于 O_1Y_1 轴；将所得的六个顶点用直线依次连接，即得上底的正等测图(图 10-4b)。

② 从各顶点向下引 O_1Z_1 轴的平行线(只画可见部分即可),并截取棱边的实长,得下底各个顶点(图 10 − 4c)。

③ 将下底各个可见顶点依次用直线相连,加深图线,完成作图(图 10 − 4d)。

2. 叠加法

叠加法是把形体分解成若干个基本形体,依次将各基本形体进行准确定位后叠加在一起,形成整个形体的轴测图。当形体明显是由多个部分组成时,适宜采用叠加法。

例 10 − 2 根据形体的正投影图(图 10 − 5a),试用叠加法画出其正等测图。

分析:从图 10 − 5a 中可看出,这是一个由四棱柱底板、切角四棱柱竖板(与底板共背面)、切角四棱柱侧板(与底板共右侧面)上下叠加而成的形体。

作图:其步骤如图 10 − 5 所示。

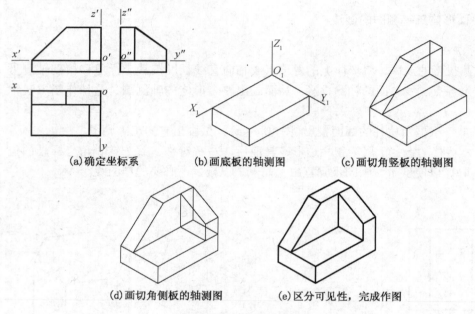

(a)确定坐标系　　　(b)画底板的轴测图　　　(c)画切角竖板的轴测图

(d)画切角侧板的轴测图　　　(e)区分可见性,完成作图

图 10 − 5　用叠加法作形体的正等测图

3. 切割法

根据形体的长、宽、高先画出原始几何形状的外形,然后将其多余的部分切除,最后剩下所要求的形体形状,这种作图的方法称为切割法。它适用于具有切口、开槽等结构的简单几何形体的表达。

例 10 − 3 根据形体的正投影图(图 10 − 6a),试画出其正等测图。

分析:从图 10 − 6a 可知,它是由一个长方体切割去一个三棱柱和一个四棱柱所形成的,这种形体适合用切割法作图。

作图:其步骤如图 10 − 6 所示。

4. 综合法

当形体的形状由若干部分组成,而有的组成部分带有切口、开槽等结构时,综合使用叠加法和切割法,能为作图带来方便。这种画轴测图的方法称为综合法。

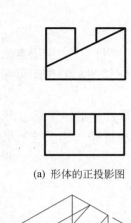

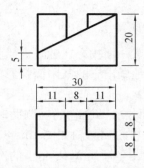

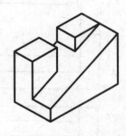

(a) 形体的正投影图　　　(b) 确定外形尺寸和各切割部分的尺寸　　　(c) 作出长方体的轴测图

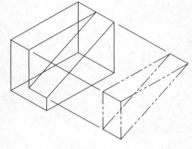

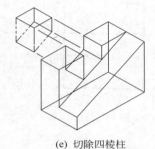

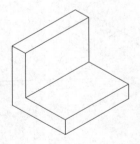

(d) 切除三棱柱　　　　　　(e) 切除四棱柱　　　　　　(f) 区分可见性，完成作图

图 10 - 6　用切割法作形体的正等测图

例 10 - 4　　根据形体的正投影图（图 10 - 7a），试画出其正等测图。

分析：该形体大致分成两个部分：底板与竖板。在底板中间切有一方槽，两侧各切去一个三棱柱；立板两侧也各切去一个三棱柱。

作图：其步骤如图 10 - 7 所示。

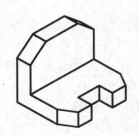

(a) 形体的正投影图　　　　　　　　　　　　(b) 用叠加法画底板和竖板

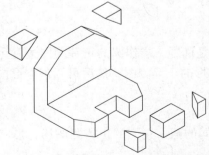

(c) 用切割法切出底板的方槽，切去底板和竖板的顶角　　　(d) 区分可见性，加深图线，完成作图

图 10 - 7　用综合法作形体的正等测图

5. 次投影法

次投影是指按照空间形体的某一面投影在轴测坐标面上派生出的"投影"。根据空间形体造型上的特点，先有选择性地画出它的某一面投影的次投影，对轴测图的作图可能带来一些方便。

图 10 – 8a 所示为沙发的三面投影。画它的轴测图时，可选择其直角坐标原点 O 位于沙发底面的左前角，这时画出它的轴测轴如图 10 – 8b 所示。然后按轴向测量沙发的 x、y 坐标值，便可画出沙发在轴测坐标面 $X_1O_1Y_1$ 上的次投影（图 10 – 8c）。最后逐一画出沙发各个部位的高度。加粗可见轮廓线，即得沙发的正等测图（图 10 – 8d）。

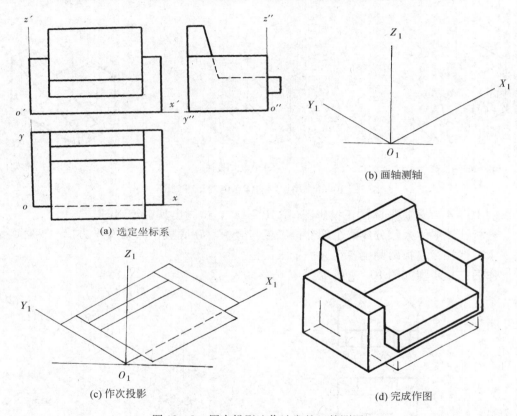

(a) 选定坐标系　　(b) 画轴测轴

(c) 作次投影　　(d) 完成作图

图 10 – 8　用次投影法作沙发的正等测图

10.2.3　常见曲线和曲面形体正等测图的画法

1. 位于或平行于坐标面的圆的正等测图

位于或平行于直角坐标面的圆的正等测图是椭圆。求作圆的正等测图最常用的方法是"以方求圆"，即先画出平行于坐标面的正方形的正等测图，然后再画正方形内切圆的正等测图（图 10 – 9）。

从图 10 – 9 可见：

（1）三个分别平行于各个坐标面的直径相同的圆，它们的正等测图均为形状和大小

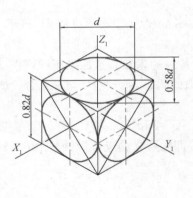
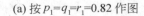
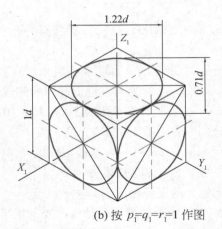

(a) 按 $p_1=q_1=r_1=0.82$ 作图   (b) 按 $p_1=q_1=r_1=1$ 作图

图 10 – 9　平行于坐标面的圆的正等测图

完全相同的椭圆，但其长、短轴方向各不相同。

（2）各个椭圆的长轴垂直于不属于它所平行的坐标面的那根轴测轴，且在椭圆的外切菱形的长对角线上；椭圆的短轴垂直于长轴，且在外切菱形的短对角线上。

（3）按轴向伸缩系数 0.82 作图时，各椭圆的长轴等于圆的直径 d，短轴等于 $0.58d$，如图 10 – 9a 所示；按简化轴向伸缩系数作图时，椭圆的长轴等于 $1.22d$，短轴等于 $0.71d$，如图 10 – 9b 所示。

2. 圆的正等测图的近似画法

常用的圆的正等测图的近似画法是四心圆弧法，现以水平圆的正等测图为例，说明其作图方法及过程，如图 10 – 10 所示。

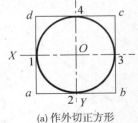
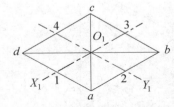

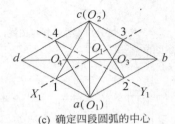
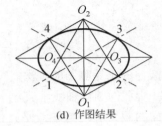

(a) 作外切正方形　　　　　　　(b) 画轴测轴,作椭圆的外切菱形

(c) 确定四段圆弧的中心　　　　(d) 作图结果

图 10 – 10　用四心圆弧法画正等测椭圆

（1）在圆的投影图中建立直角坐标系，并作圆的外切正方形 $abcd$（图 10 – 10a），得四个切点分别为 1、2、3、4。

（2）画轴测轴 O_1X_1、O_1Y_1 及与圆外切正方形的轴测投影——菱形 $abcd$（图 10 – 10b）。

（3）分别过切点 1、2、3、4 作各点所在菱形各边的垂线，这四条垂线两两之间的交点 O_1、O_2、O_3、O_4 即为构成近似椭圆的四段圆弧的圆心。其中 O_1 与 a 重合，O_2 与 c 重合，O_3 和 O_4 在菱形的长对角线上（图 10 – 10c）。

（4）分别以 O_1、O_2 为圆心，$O_1 3$ 为半径画圆弧 34 和 12；再以 O_3、O_4 为圆心，以 $O_3 3$ 为半径画圆弧 23 和 14。这四段圆弧光滑连接即为所求的近似椭圆（图 10 – 10d）。

3. 曲面体正等测图的画法

（1）圆锥台的正等测图的画法

图 10 – 11a 所示的圆锥台轴线横放，相当于图 10 – 9 中的 O_1X_1 轴，轴测椭圆的长轴将与 O_1X_1 轴垂直。作图时可按图 10 – 10 所示的方法先画出左、右两端面的轴测椭圆，然后画出它们的公切线，最后区分可见性，加深图线，便可完成作图，如图 10 – 11d 所示。

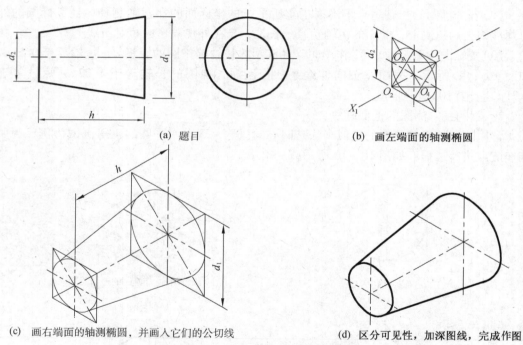

(a) 题目　　　　　　　　　　　　　(b) 画左端面的轴测椭圆

(c) 画右端面的轴测椭圆，并画入它们的公切线　　　(d) 区分可见性，加深图线，完成作图

图 10 – 11　圆锥台的正等测图的画法

（2）切槽圆柱的正等测图的画法

图 10 – 12a 所示的圆柱轴线垂直于 H 面，其切槽由两个侧平面和一个水平面组成。侧平面与圆柱面的截交线是与轴线平行的直线；水平面与圆柱面的截交线是一个与上、下底面平行的圆周，其作图步骤如图 10 – 12 所示。

4. 圆角的正等测图的画法

如图 10 – 13a 所示底板上的圆角，其正等测图也可用四心圆弧法求作。作图步骤如图 10 – 13 所示。

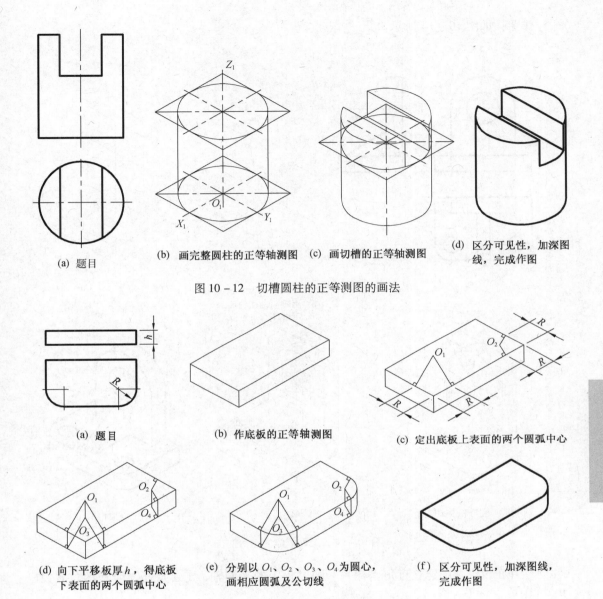

(a) 题目　　(b) 画完整圆柱的正等轴测图　(c) 画切槽的正等轴测图　(d) 区分可见性，加深图线，完成作图

图 10 – 12　切槽圆柱的正等测图的画法

(a) 题目　　(b) 作底板的正等轴测图　　(c) 定出底板上表面的两个圆弧中心

(d) 向下平移板厚 h ，得底板下表面的两个圆弧中心　(e) 分别以 O_1、O_2、O_3、O_4 为圆心，画相应圆弧及公切线　(f) 区分可见性，加深图线，完成作图

图 10 – 13　圆角的正等测图的画法

10.2.4　综合作图示例

例 10 – 5　试画出图 10 – 14a 所示工程形体的正等测图。

分析：从投影图中可以看出，该形体是由底板(长方块前部被挖出对称的两个圆柱孔，并切割出两个圆角)、竖板(长方块上部被挖出一个圆柱孔，其顶部被切割成半圆柱)和肋板(三棱柱)叠加而成。因此，可采用叠加法和切割法作图。由于该形体上的多个表面(均为坐标面的平行面)有圆和圆角，故适宜选画正等测图。具体作图时，应先画出各基本形体，再逐一画出圆孔、圆角等细部。

作图： 如图 10 – 14 所示。

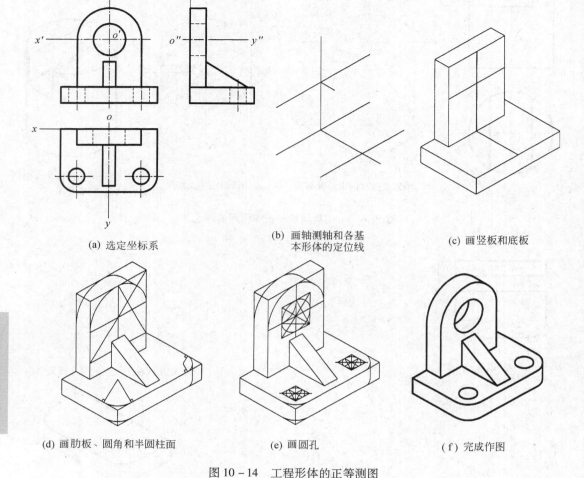

图 10 – 14　工程形体的正等测图

① 在正投影图中建立直角坐标系，画出相应的轴测轴，定出底板、竖板的位置（图 10 – 14b）；

② 依次画出底板、竖板的基本形状（图 10 – 14c）；

③ 再叠加画出肋板，并分别在底板和竖板上画出圆角和半圆柱面（图 10 – 14d）；

④ 依次画出底板和竖板上的圆柱孔。画图时要注意这些圆孔在轴测图中是否反映出穿通，如果是穿通则应画出通孔后面的可见部分（图 10 – 14e）；擦去多余作图线，加粗可见轮廓线，即得形体的正等测图（图 10 – 14f）。

10.3　斜轴测图

在斜轴测图中，由于投射方向 S_1 倾斜于轴测投影面 P，所以与 P 面垂直的坐标轴

OY 在 P 面的投影也不再被积聚为一点。因此，也可以得到反映出形体长、宽、高三度空间立体形状的投影。为了作图简便，画斜轴测图时，常使空间形体上的任两根直角坐标轴平行于轴测投影面 P（图 10-15），并令投射线对轴测投影面的投射方向和倾角限定于某个特定的相对位置。

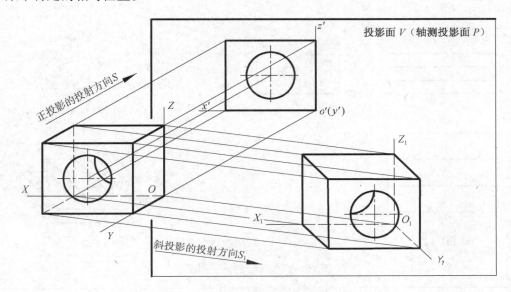

图 10-15　斜轴测图的形成

在工程上实际应用得较多的是正面斜二等轴测图（简称斜二测图）。

从图 10-15 可以看出，当坐标面 XOZ 平行于 P 面时，形体上位于或平行于该坐标面的表面，在 P 面上的平行投影形状不改变。这是正面斜二测图的特点之一。

从图 10-15 还可以看出，若投射线 S_1 的投射方向和对投影面的倾角不加限定，则轴测轴 O_1Y_1 在轴测投影面 P 上的倾斜方向可以是任意的，其轴向伸缩系数也可有无穷多。因此，绘图时必须对 O_1Y_1 轴的倾斜方向及其轴向伸缩系数 q 加以限定（其意义即为对投射线 S_1 的投射方向和倾角加以限定）。为使作图方便，常令 O_1Y_1 轴对水平线倾斜的角度 θ 等于 $45°$；伸缩系数 q 则常取 0.5。这是正面斜二测图的特点之二。

斜二测图的轴测轴的画法如图 10-16 所示。

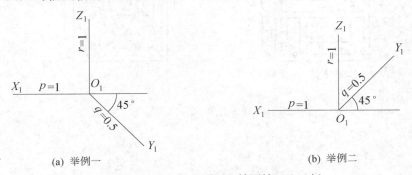

(a) 举例一　　　　(b) 举例二

图 10-16　斜二测图的轴测轴画法示例

土
建
工
程
制
图

例 10-6 已知台阶的三面投影(图 10-17a),求作它的斜二测图。

分析: 因台阶的侧面较能体现该形体的形状特征,根据上述斜轴测图的特点,宜选择这个面作为斜轴测图的正面,并根据形体的具体情况选定直角坐标轴及其相应的轴测轴的位置,如图 10-17a、b 所示。

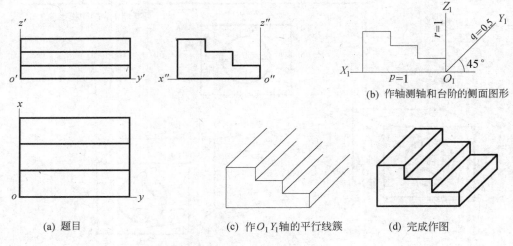

(b) 作轴测轴和台阶的侧面图形

(a) 题目　　　　(c) 作 O_1Y_1 轴的平行线簇　　　　(d) 完成作图

图 10-17　台阶的斜二测图

作图:

① 先画出轴测轴 O_1X_1、O_1Y_1、O_1Z_1,然后在 $Y_1O_1Z_1$ 面上画出与三面投影图中的侧面投影形状完全相同的图形(图 10-17b);

② 沿 O_1Y_1 轴方向画一系列平行线簇,并按 $q=0.5$ 截取台阶的长度(图 10-17c);

③ 画出台阶后表面的可见轮廓线,加深图线,完成作图(图 10-17d)。

由于斜轴测图有如此特点,所以对只有一面形状比较复杂的形体常采用正面斜轴测图去表现,这样画图既简便,效果也很好,如图 10-18 的预制混凝土花饰和图 10-19 的花窗的斜二测图所示。

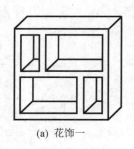　　　　

(a) 花饰一　　　　　　　　　(b) 花饰二

图 10-18　花饰的斜二测图

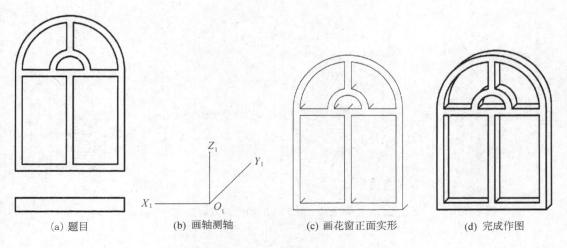

| (a) 题目 | (b) 画轴测轴 | (c) 画花窗正面实形 | (d) 完成作图 |

图 10 – 19　花窗的斜二测图

*10.4　轴测图的剖切画法

在轴测图上为了表达形体内部的结构形状，可以采用剖切画法。这种剖切后的轴测图称为轴测剖视图。

作轴测剖视图时，一般用两个互相垂直的坐标面(或其平行面)进行剖切，这样既能较完整地显示该形体的内外形状，又方便作图(图 10 – 20a)；对于外形简单的形体，也可用一个坐标面(或其平行面)进行剖切(图 10 – 20b)。作图时应尽量使剖切面与形体的对称面重合，或通过孔洞的轴线等，以便获得较好的图示效果。

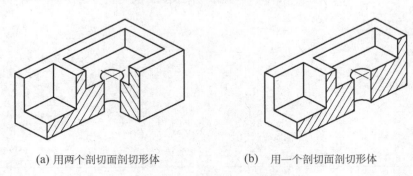

| (a) 用两个剖切面剖切形体 | (b) 用一个剖切面剖切形体 |

图 10 – 20　轴测剖视图示例

根据建筑制图的国家标准规定，正等测、斜二测图的剖面线方向应按图 10 – 21 的规定绘制。

画轴测剖视图时，一般先按选定的轴测投影种类画出未剖切前整个形体的外形，然后根据需要沿轴测轴方向确定剖切位置，假想用剖切平面去剖切形体，画出形体被剖切后的断面轮廓线(图 10 – 22a)，擦去多余的图线，并在断面轮廓范围内画上剖面线，从而得到形体被剖切后的轴测图(图 10 – 22b)。

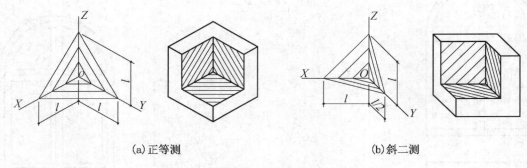

(a)正等测   (b)斜二测

图 10 – 21   轴测图的剖面线方向

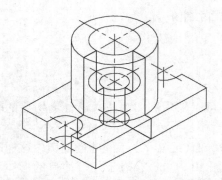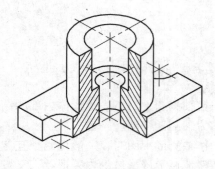

(a)沿轴测轴的方向用剖切平面切开，画出切断面的图形   (b)擦去被切除部分，加粗可见轮廓线和画入剖面线

图 10 – 22   轴测剖视图的画法

第11章 透视图

11.1 透视图的基本原理

　　透视图是采用中心投影法作出的单面投影，其形成模式如图 11－1 所示。从视点（相当于人的眼睛）向表达对象引一系列投射线（相当于人的视线），这些投射线与投影面（画面）的交点所组成的图形即为该表达对象的中心投影——透视图。

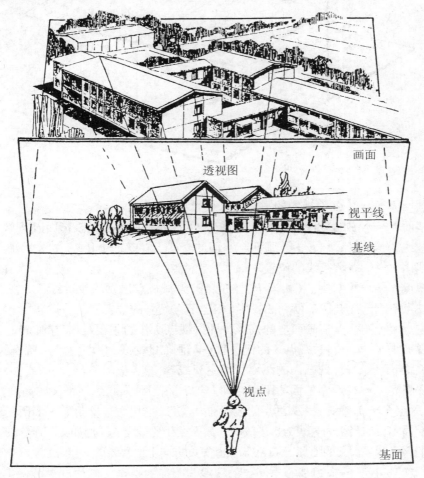

图 11－1　透视图的形成

　　从图 11－1 中可见，透视图是一种比较接近于人眼日常观察所感知的，具有近大远小等视觉效果的图形。

11.1.1　基本术语和符号

　　为了便于说明和使读者易于理解透视原理，掌握透视图的作图方法，下面先介绍有关的术语和符号（图 11－2）（根据《GB/T 16948—1997 投影法术语》）。

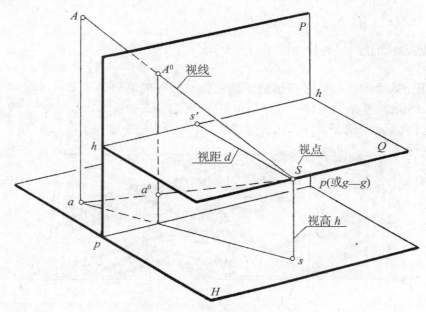

图 11－2　透视的基本术语、符号

　　（1）画面 P ——绘画透视图的平面。

　　（2）基面 H ——放置空间形体的水平面，也可将绘有平面图的投影面 H 理解为基面。

　　（3）基线 p — p 或 g — g ——画面与基面的交线。在基面上用 p — p 表示画面的位置；在画面上则用 g — g 表示基线的位置。

　　（4）视点 S ——投射中心（相当于人的眼睛），从视点出发的投射线称为视线。

　　（5）站点 s ——视点在基面上的投影（相当于人站立的位置）。

　　（6）主点 s' ——视点在画面上的投影，即过视点所作的主视线 Ss' 在画面上的垂足。

　　（7）视平线 h — h ——过视点 S 的视平面 Q 与画面的交线，即过主点 s' 所作的水平线。

　　（8）视距 d ——视点到画面的距离，即主视线 Ss' 的实长。

　　（9）视高 h ——视点到基面的距离，即 $h = Ss$（相当于人眼到地平面的高度）。

　　（10）灭点 F ——直线上无穷远点的透视称为灭点。它可由过视点作平行于该直线的视线与画面相交而求得。当空间直线为水平线时，其灭点在视平线上。例如图 11－3a 中长度方向上的直线的灭点为 s'；又如图 11－4a 中长度和宽度方向上的直线的灭点分别为 F_X、F_Y。

　　（11）点的透视——通过任一空间点的视线与画面的交点。例如点 A 的透视为 A^0。[①]

　　注：①　在本教材中，点的透视用与该点相同的字母加上标"0"标记，当不引起误解时，有时把上标"0"省略。

（12）基透视——空间几何元素或形体的水平投影（平面图）的透视。例如点 A 的水平投影 a 的基透视为 a^0。

11.1.2　建筑透视图的分类

根据视点、建筑形体、画面三者之间相对位置的不同，建筑形体的透视形象也有所不同。建筑设计、室内设计经常使用的透视图大致上可分为一点透视、两点透视、三点透视三类。

1.　一点透视

当画面 P 垂直于基面 H，建筑形体有一主立面平行于画面而视点位于画面的前方时，所得的透视图因为只在长度（进深）的方向上有一个灭点，所以称之为一点透视，如图 11-3 所示。

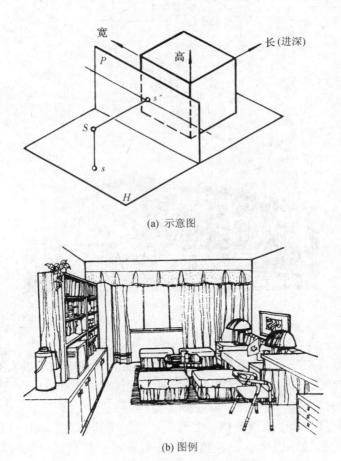

(a) 示意图

(b) 图例

图 11-3　一点透视

一点透视的特点是建筑形体的主立面不变形，作图相对简易，能同时显示出室内正面及其上、下、左、右共五个界面，纵深感强，适合于表现庄重、严肃的室内空间。缺点是画面效果显得比较呆板，不太符合人的日常视觉习惯。

2. 两点透视

当画面 P 垂直于基面 H，建筑形体的两个相邻主立面与画面倾斜成某种角度而视点位于画面的前方时，所得的透视图因为在长度和宽度两个方向上各有一个灭点，所以称之为两点透视，如图 11－4 所示。

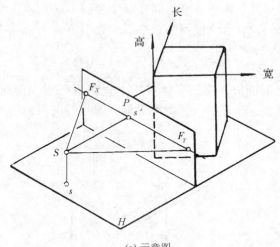

(a) 示意图

(b) 图例

图 11－4　两点透视

两点透视的特点是画面效果显得比较活泼、自由，并且比较接近人的日常观察的视觉效果，所以在建筑设计、室内设计中获得广泛应用；但作图相对一点透视麻烦些。

3. 三点透视

三点透视的形成类似于两点透视，但画面 P 倾斜于基面 H，如图 11－5a 所示。在这种情况下，所得的透视图因为在长、宽、高三个方向上都有灭点，所以称之为三点透视。三点透视的画面效果更活泼、自由，符合人的视觉习惯（图 11－5b）。它适宜用来表现高大建筑物和室内大堂的仰视或俯视效果。三点透视作图相对复杂，在设计工作中只在想取得某种特殊效果时才采用。

本教材对三点透视的作图问题不作探讨，下面的阐述完全针对一点透视和两点透视。

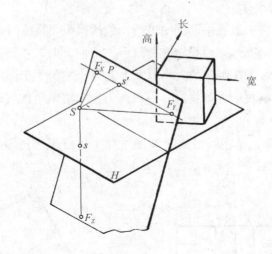

(a) 示意图

(b) 图例

图 11－5　三点透视

11.1.3　视点的选择

　　绘画透视图时，为了获得满意的表现效果，在动笔之前必须先根据建筑形体的特点和表现要求考虑好采用哪一种透视图，即先确定好建筑形体与画面的相对位置（通常令画面 P 通过建筑形体的某一部位或一条棱线、一个顶点，以简化作图），然后再根据实际情况选择好视点的空间位置。视点空间位置的不同，所获得的透视图，其画面形象和气氛也不同。

　　视点的空间位置的选择实际上体现为站点位置的选择和视高的选择两个方面（参阅图 11－1、图 11－2）。

203

1. 站点位置的选择

站点位置的选择一般在平面图中进行，包括视距和站位两个问题。其选择原则是：

（1）当画面（即基线 p—p）设定在建筑形体的前方时，对所画为房屋的室内或室外的透视来说（图 11-6），视距 d 的大小以大致上等于或稍大于画幅的宽度 K 为宜。这是因为当人以一只眼睛凝视前方景物时，一般认为视阈清晰范围所对应的水平视角，大致上为 $54°\sim60°$ 之故。

（2）尽可能使站位落在画幅宽度 K 的中部 $1/3$ 范围内，即尽量使过站点 s 所作的中视线的垂足落在图 11-6 所示基线 p—p 上的点 1 与点 2 之间。

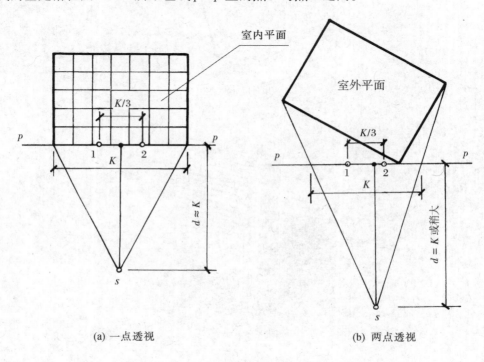

(a) 一点透视　　　　　　　　　　　　　　(b) 两点透视

图 11-6　透视图的站点位置的选择

以上是站点位置选择的一般原则。如果为了获得某种特殊效果，也可以突破这个原则。

2. 视高的选择

视高的选择即视平线相对于基线高度的选择。对一般低层建筑和室内透视来说，以人的身高 1.6m～1.8m 来确定视平线的高度为宜。对于中高层建筑一般取在第二、三层之间；但为了使透视图取得某种特殊效果，有时也可将视平线适当提高或降低。图 11-7 中的三个图，分别为按一般视平线、降低视平线、提高视平线画出的透视图的效果实例，供选择视高时参考。

(a) 一般视平线效果

(b) 降低视平线效果

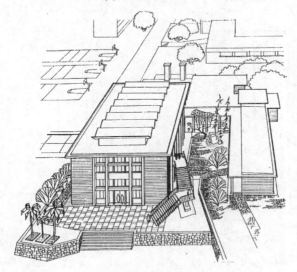

(c) 提高视平线效果

图 11-7 视高的选择

11.2 透视图的基本画法

11.2.1 建筑师法

运用一系列视线的水平投影与基线 p—p 的交点和主向轮廓线的灭点，根据形体的正投影图求作透视图的方法，通称建筑师法。

如图 11-8a 所示，画透视图时为了作图方便，通常令形体的一条棱线（例如 OC）位于画面上，于是这条棱线的透视就是它本身，我们把这条透视线等于本身实长的直线称为真高线。

具体作图如图 11-8b 所示。先将基面 H 与画面 P 分开，画成基面在上、画面在下并互相对齐的形式（此时基面上的基线即画面位置线 p—p，画面上的视平线 h—h 和基线 g—g 三者互相平行），然后选定站点 s 的位置并求出主向轮廓线的灭点 F_X、F_Y。于是便可通过站点 s 作一系列视线的水平投影与 p—p 相交和运用灭点 F_X、F_Y 来作图了。其过程是：

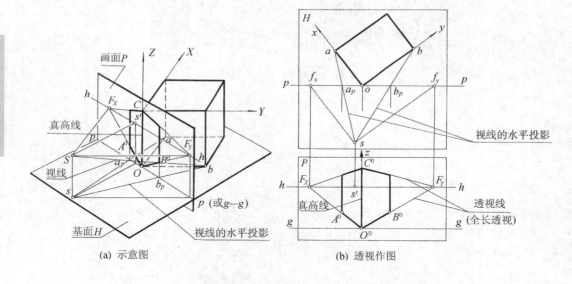

(a) 示意图　　　　　　　(b) 透视作图

图 11-8　建筑师法

（1）过站点 s 作 sf_y ∥ ob 与 p—p 相交于 f_y，再过 f_y 向下引竖直线与 h—h 相交得灭点 F_Y；同理可得另一个灭点 F_X。

（2）过站点 s 作视线的水平投影 sb 与 p—p 相交于 b_p，再过 b_p 向下引竖直线与透视线 O^0F_Y 相交于点 B^0。于是得顶点 B 的透视 B^0。同理可得另一顶点 A 的透视 A^0。

（3）由于题设形体的 C 棱位于画面上，故 C 棱的透视 O^0C^0 与它本身重合，即 O^0C^0 为真高线。再过 C^0 分别作透视线 C^0F_Y、C^0F_X，它们分别与过 B^0、A^0 的竖直线相交，于

是分别得 B 棱、A 棱的透视。

（4）用粗实线加粗所求得的形体的透视轮廓，完成作图。

从上述作图过程可见，基面 H 和画面 P 的边框只起到象征性的意义，对实际作图没有任何作用，故以后求作透视图时均不画边框，只画出 $p—p$、$h—h$、$g—g$ 三条互相平行的直线即可。

例 11-1 已知形体的两面投影（图 11-9a），试用建筑师法画出它的两点透视。

分析：该形体的平面形状呈 ⌐ 形，其上下底平行，即各处棱线的高度相等。

作图：选定画面和站点以及视平线、基线的位置后，即可进行透视作图（图 11-9b）。

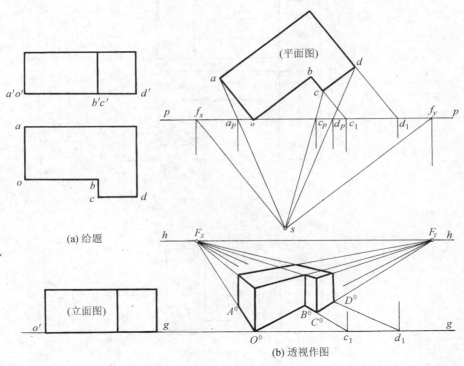

图 11-9 用建筑师法画形体的两点透视

（1）分别求出两个主向轮廓线的灭点 F_X、F_Y。

（2）作视线的水平投影 sa 与 $p—p$ 相交得点 a_p，于是通过 a_p 便可在全长透视 O^0F_X[①]上定出点 A 的透视 A^0。

（3）为了能用同样的方法定出点 C 的透视 C^0，图中把 bc 先顺其方向延长与 $p—p$ 相交于 c_1，再据 c_1 在 $g—g$ 上定出 c_1，于是便可在全长透视 c_1F_X 上得出点 C 的透视 C^0。同

注：① 空间无限长的直线的透视一般为有限长的线段，通称透视线；有时也称这些从画面上的点开始至某一灭点为止的透视线为全长透视。

理可得出点 D 的透视 D^0。而透视 B^0 则是利用 c_1F_X 与 O^0F_Y 相交的方法求得的。

（4）由于点 O 在画面上，故通过点 O^0 的棱线为真高线，据此就可运用 F_X、F_Y 逐步求出各处的透视高度。

例 11 - 2 已知形体的两面投影（图 11 - 9a），试用建筑师法画出它的一点透视。

分析： 该形体由高度不同的 A、B、C 三个四棱柱组成。求作一点透视时，常令画面通过形体的某个表面，即令该表面的透视与本身重合，反映实形。

作图： 如图 11 - 10b 所示。

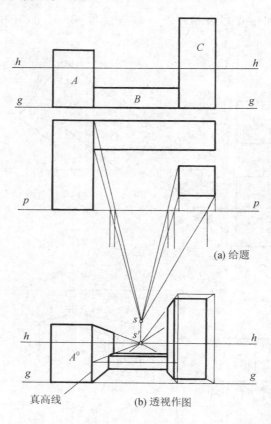

图 11 - 10   用建筑师法画形体的一点透视

（1）在 h—h 上定出主点 s'，它是形体上垂直于画面的轮廓线的灭点（参阅图 11 - 3a）。

（2）定出 A、B、C 三个四棱柱的前表面在透视图中的位置。其中，由于画面 P 通过四棱柱 A 的前表面，所以，该棱柱前表面的透视与其本身重合，用粗实线表示；但其余两棱柱的前表面因不在画面上，故在图中仅用细实线表明将它们引至画面上的位置。

（3）过主点 s' 引一系列可见轮廓线的全长透视；同时过站点 s 有选择地作一系列视线的水平投影与 p—p 相交，于是通过这些交点向下引竖直线，就可在上述的全长透视上分别截取出所求形体的透视轮廓。

（4）最后加粗可见轮廓线，完成作图。

11.2.2　量点法

运用形体的长度、宽度这两个主向轮廓线的灭点和用以解决这两个主向上的度量问题的水平辅助直线的"灭点"，根据形体的坐标尺寸（或主向轮廓线的长度）来求作透视图的方法，通称量点法。此种辅助直线的"灭点"通称量点。

如图 11 - 11a 所示，设形体的棱线 OC 位于画面上，底边 Ob、Oa 分别为 Y 向、X 向轮廓线的长度（相当于坐标尺寸）。在顶点（或称原点）O 的右侧基线上，量取 $Ob_1 = Ob$ 得点 b_1，连接 b_1b，b_1b 即为 Y 向上的辅助直线。过视点 S 作视线 $SM_Y /\!/ b_1b$ 而与 $h—h$ 相交得"灭点" M_Y。我们把这个点 M_Y 称为（解决 Y 向上度量问题的）量点。同理可得（解决 X 向上度量问题的）辅助直线 a_1a 的量点 M_X。

在画面 P 上作透视图时，分别连接全长透视 OF_Y，b_1M_Y，OF_X、a_1M_X，两组全长透视两两相交的交点 B^0、A^0 即分别为顶点 B、A 的透视。于是便可进一步画出形体的透视。

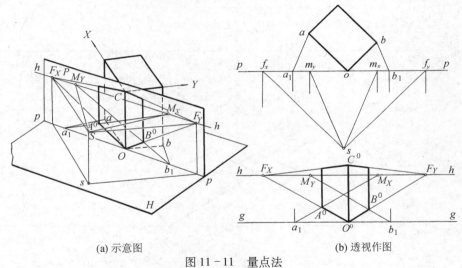

(a) 示意图　　　　　　　　　　(b) 透视作图

图 11 - 11　量点法

图 11 - 11b 所示为用量点法求作形体透视图的过程：

（1）先画出三条互相平行的直线 $p—p$、$h—h$、$g—g$，并恰当地定出站点 s。

（2）过 s 作 $sf_y /\!/ ob$ 与 $p—p$ 相交于 f_y，进而在 $h—h$ 上定出 F_Y。在 $p—p$ 上量取 $ob_1 = ob$，连接辅助直线 b_1b，再过 s 作 $sm_y /\!/ b_1b$ 与 $p—p$ 相交于 m_y，进而在 $h—h$ 上定出 M_Y。同理，可在 $h—h$ 上定出 F_X 和 M_X。

（3）按既定的相对位置在 $g—g$ 上定出顶点 O 的透视 O^0 和点 b_1、a_1；分别连接两组全长透视 O^0F_Y、b_1M_Y，O^0F_X、a_1M_X，它们两两相交的交点 B^0、A^0 便分别为顶点 B、A 的透视。

（4）再利用 C 棱的真高定出 C^0，于是不难画出该形体的两点透视。

例 11 - 3　已知形体的两面投影和基线 $p—p$、站点 s 的相对位置，设视高为 h（图 11 - 12a），试用量点法放大一倍画出它的两点透视。

分析：从给题的两面投影可知，该形体由两个大小不同相互咬合的四棱柱组成，大四棱柱为主体，它们之间的相对位置，由大四棱柱所建立的坐标系来给定。

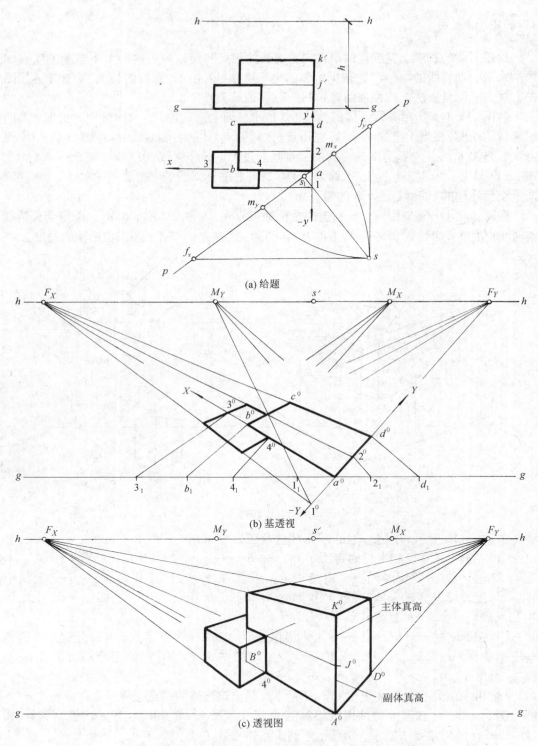

(a) 给题

(b) 基透视

(c) 透视图

图 11-12　用量点法作建筑形体的两点透视

作图：

（1）先在给题（图 11 – 12a）中根据已知条件定出 f_x、f_y、s_1 的位置。然后以 f_x 为圆心，$f_x s$ 为半径画圆弧，该圆弧与 p—p 的交点即为 m_x；同理也可以求出 m_y（注：从上图图 11 – 11b 中可见，由于 $\triangle f_x s m_x$ 实质上是一个等腰三角形，两腰的长度相等，所以在图 11 – 12a 中改用了以 f_x 为圆心作圆弧与 p—p 相交的方法来求出 m_x；以及用同样的方法求出 m_y，这样处理还简化了作图程序）。

（2）画出基线 g—g，并按题意将视高 h 放大一倍画出视平线 h—h（图 11 – 12b）。

（3）在视平线 h—h 上，根据图 11 – 13a 所求得的 f_x、f_y、m_x、m_y 和 s_1 五个点的相对位置，同样放大一倍定位得 F_X、F_Y、M_X、M_Y 和 s' 五个点。

（4）在基线 g—g 上正对主点 s' 的下方，参照图 11 – 12a 中点 a 相对于 s_1 的距离，同样放大一倍将 a^0 的位置定出。

（5）在图 11 – 12a 中以 a 为原点建立坐标系，ab 为主体 X 方向上的边长，ad 为 Y 方向上的边长。据此便可在图 11 – 12b 中以点 a^0 为原点，在基线 p—p 上向左截取 $a^0 b_1 = 2ab$，向右截取 $a^0 d_1 = 2ad$，于是得出 b_1、d_1 两点。分别作全长透视 $a^0 F_X$、$b_1 M_X$ 和 $a^0 F_Y$、$d_1 M_Y$，它们两两相交得点 b^0、d^0；再分别过 b^0、d^0 向 F_Y、F_X 作透视线相交于 c^0，于是得主体的基透视。

（6）由于用量点法作透视图是以同一坐标系的坐标尺寸来度量定位的，所以在求作副体部分的基透视时，必须找出它与原有坐标系之间的关系。如图 11 – 12a 所示，它的四条边分别以 1、2、3、4 四个点在 Y 轴、X 轴上定位，其中点 1 在 $-Y$ 的方向上，其 y 坐标值为负值。于是在图 11 – 12b 的基线 g—g 上分别按照 1、2、3、4 四个点的坐标值，同样放大一倍依次以 a^0 为坐标原点定出 1_1、2_1、3_1、4_1 四个点，将这四个点分别与各自的量点相连，便可在 X 轴上求得 3^0、4^0，在 $-Y$ 轴上求得 1^0，在 Y 轴上求得 2^0。然后再分别过 1^0、2^0、3^0、4^0 各点作透视线，就可得副体部分的基透视。

（7）最后定出该形体的透视高度。其中 $A^0 K^0$ 为主体部分的真高，$A^0 J^0$ 为副体部分的真高。完成后的透视图如图 11 – 12c 所示。

11.2.3　距点法

运用垂直于画面的主向轮廓线的"灭点" s'（即主点）和某一个方向上的、与画面成 45° 角的水平辅助直线的"灭点" D，根据形体的坐标尺寸（或主向轮廓线的长度）求作透视图的方法，通称距点法。该"灭点" D 通称距点。

如图 11 – 13a 所示，设形体的前棱面位于画面上，即该棱面的透视是它的本身；底边 Ob 为进深方向上的长度，该进深方向垂直于画面，即 Ob 的灭点为主点 s'。

在顶点 O 的右侧基线上量取 $Ob_1 = Ob$ 得点 b_1，连接 $b_1 b$，于是 $b_1 b$ 为与基线成 45° 角的水平辅助直线。过视点 S 作视线 $SD \parallel b_1 b$ 而与 h—h 相交得"灭点" D。从该图中可见，由于 SD 与 h—h 的夹角也是 45°，因此有 $Ds' = Ss' =$ 视距 d。所以，在这种情况下称这个

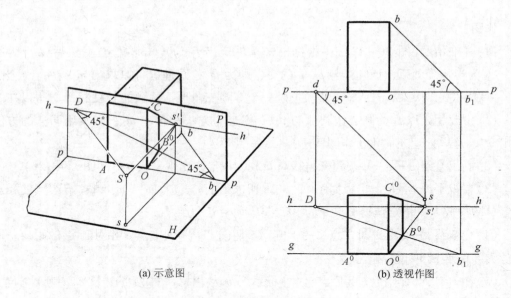

(a) 示意图　　　　　　　　　　(b) 透视作图

图 11 - 13　距点法

"灭点"D 为距点。连接 Os'、b_1D，它们的交点 B^0 即为点 B 的透视，亦即解决了进深方向上的度量问题。

图 11 - 13b 所示为形体透视的具体画法：

（1）在 p—p 上点 o 的右侧量 $ob_1 = ob$ 得点 b_1，亦即得出 45°的辅助直线 b_1b。过站点 s 作 $sd /\!/ b_1b$ 而与 p—p 相交于 d。

（2）在正下方的 h—h 上相应地定出主点 s' 和距点 D；又在 g—g 上相应地定出点 b_1，画出该形体前棱面的实形。

（3）连接 O^0s'、b_1D，它们的交点 B^0 即为点 B 的透视。于是可进一步画得该形体的透视。

例 11 - 4　已知台阶的三面投影（图 11 - 14a），试用距点法根据投影图画出它的一点透视。

分析：根据该台阶的造型特点，设画面 P 通过其第一级台阶的前表面（踢面）；并任设视高（即视平线）的位置如图，视距等于画幅宽度（台阶全长）的 1.5 倍，且令站位偏出左侧一个适当的距离，以便能较好地表现出该台阶的形象。

作图：

（1）在已知的平面图中通过第一级台阶的前表面（踢面）画入画面位置线 p—p，再在其左侧按上述分析提出的要求定出站点 s，通过 s 作 45°线在 p—p 上定出距点的投影 d。

（2）按上述分析在图纸上画出基线 g—g，视平线 h—h，并在 h—h 上相应地定出主点 s' 和距点 D。

（3）再在 g—g 上相应地定出 A^0、B^0、c_1^0，并过 A^0、c_1^0 竖真高线，且在点 A^0 的左侧按踏面宽度分别定出点 1、2、3 等。

（4）于是利用距点 D 便可将全长透视 A^0s' 分割出 L^0、M^0、N^0 等点；过这些点作竖直

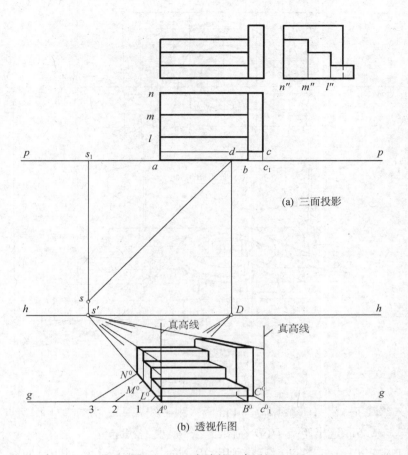

(a) 三面投影

(b) 透视作图

图11-14 台阶的一点透视

线，与过 A^0 真高线上一系列等分点所作的射线分别相交，就可得该台阶侧面的透视。

（5）最后利用过 c_1^0 所竖真高线并通过作图，便可完成栏板和整个台阶的一点透视。

11.2.4 网格法

首先在基面（即水平投影面）上画入以某一单位长度为边长的方格网，然后画出该方格网的透视，将平面图中的图形"对号入座"画入该透视网格中，再进一步确定出各处的透视高度，完成透视作图。这种求作透视图的方法，通称网格法。

网格法特别适用于绘画建筑群体、室外环境和室内平面布置透视图等。

如图11-15a（比例 1:100）所示，在庭院一角的地面上，有弯曲的道路、圆形的石凳（高 0.4 m）和灯柱（高 2 m）等。现采用网格法放大一倍即按比例[①]1:50画出它的一点透视。

（1）在平面图上画入以某一单位长度（该图取 0.5 m）为边长的方格网，并设定站点 s 的位置（设在点 5、6 中点的正前方，视距 $d = 5.5$ m）以及对方格进行编号。

注：① 透视图中的比例，是指作图过程中所采用的度量关系。

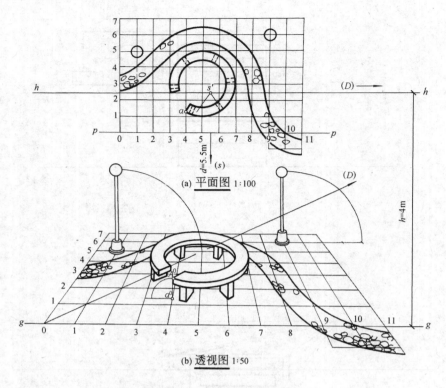

(a) 平面图 1:100

(b) 透视图 1:50

图 11-15　网格法及其应用

（2）画入基线 $g—g$，任设视高 $h=4\,\mathrm{m}$ 画入视平线 $h—h$，并在其上据站点 s 定出主点 s' 和按 $s'D=d=5.5\mathrm{m}$ 定出距点 D（D 在图纸之外也要准确定位），再在 $g—g$ 上亦以点 5、6 的中点为准定出 0……1 各点，于是利用 OD 与过主点 s' 的一系列线束的交点便可画得一点透视网格。

（3）"对号入座"，画入道路、石凳和灯柱的基透视。（图中除顶点 a^0 外，已省去石凳的基透视）

（4）最后用"截距法"确定石凳和灯柱的透视高度，再经整理，例如省去石凳的基透视和加画一些细部后便得该庭院一角的透视，如图 11-15b 所示。

这里所说截距法中的"截距"，是指用任一水平直线去与透视网格中同一方向上的两条网格线相交所得的两个交点之间的距离，如图 11-16 所示。

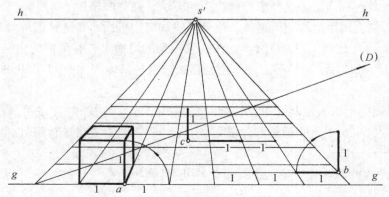

图 11-16　一点透视网格的截距

从该图中可以看出，对一点透视网格来说，无论是过点 a 还是过点 b、c 所作的水平直线，所得的截距都是 1。若把所得的截距就地竖起来，就可求得当地 1 个单位的透视高度或画得以 1 为边长的单位立方体的透视。

实际画图时，对方格网的边长赋以一定的数值，于是就可用它来求出具体景物的透视高度了。这种求取景物透视高度的方法通称截距法。图 11 – 15b 中石凳和灯柱的透视高度，也就是用这个方法求出来的。其中石凳高 0.4 m，取略小于 1 格（即取 4/5 × 0.5 m）的长度；灯柱高 2 m，则取 4 格的长度。

一点透视网格也可以用来画景物的两点透视。此外，也可把方格网画成两点透视网格，运用"对号入座"同样可画出景物的基透视。但此时透视高度的度量要麻烦一些，因为两点透视网格的截距不再是 1。关于这个问题，留待 11.3.2 节中再作进一步探讨。

11.3　确定透视高度的几种方法

除了如前面图 11 – 12 和图 11 – 14 所示的，当形体的某一竖直边恰好处在画面上即处在自基线 g—g 画起的真高线上时，或顺其方向用水平直线将待求的竖直边引至画面上时，利用真高线便可直接确定出它们的透视高度这种方法外。如果形体所处的是在基面的任一位置上，没有可以用来直接确定其透视高度的真高线，这时则可采用下面介绍的三种方法之一求解。

11.3.1　集中真高线法

如图 11 – 17 所示，设形体 A、B、C 分别高 10、30、20，已画出它们处在基面任一位置上的基透视。量取它们的透视高度时，可在基线 g—g 上任取一点 o，竖真高线并在其上按同一比例定出高度为 10、20、30 的三个点；然后在视平线上任取一点 F，过 F 与真高线上各点相连，于是就可利用这些连线通过作图逐一求出各个形体的透视高度。这个方法称为集中真高线法。

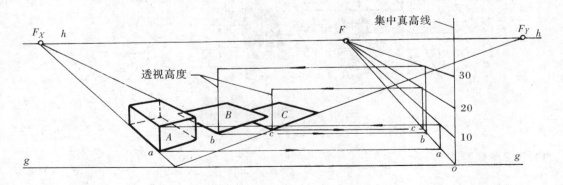

图 11 – 17　集中真高线法

图 11-18 是集中真高线法的应用实例。其具体作法是：在视平线 h—h 上任取一点 F，再在建筑物尺度明显的地方(图中附在 2.4 m 高的门扇上)定出一条相当于人体高度 (通常取 1.7 m)的"集中真高线"AB。连接 FA、FB 并延长之。现要在地平面上的点 C 处画一个身高为 1.7 m 的男子，于是过点 C 作水平直线与 FA 相交，该相交处所反映的 FA、FB 两线之间的竖直距离，即为所要画的男子的透视高度。如此类推，若要画的是妇女或小孩，适当画低些即可。

图 11-18　集中真高线的应用

11.3.2　截距法

如图 11-19 所示，所谓截距，是指任一水平直线与透视网格中同一方向上两条相邻网格线的交点之间的距离。这个距离与方格网的网格线对画面的倾角 θ 有关，即等于该

角度 θ 的正弦函数($\sin\theta$)的倒数。例如，对一点透视来说，由于垂直画面的网格线的倾角 $\theta = 90°$，$\dfrac{1}{\sin\theta} = 1$，所以，一点透视的截距为 1（图 $11-19a$）。

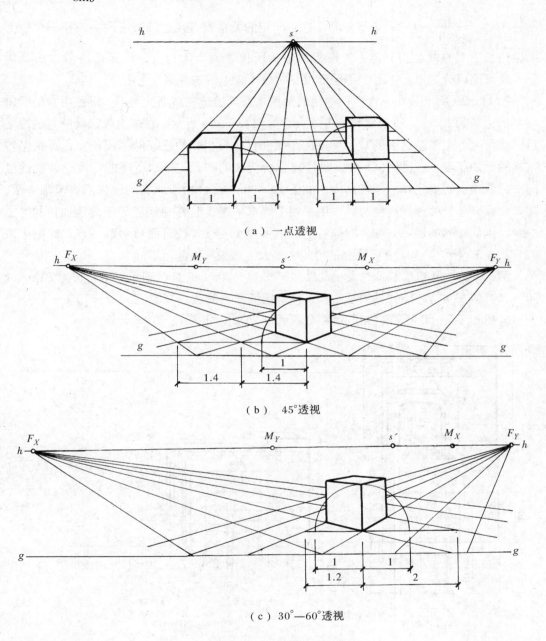

（a）一点透视

（b）45°透视

（c）30°—60°透视

图 11－19 三种特殊角度透视网格的截距

但对两点透视的网格线来说，如果倾角 θ 为任意角，则截距 $\dfrac{1}{\sin\theta}$ 为任意值，这样对透视高度的确定，虽然可利用计算器通过计算得出，但就显得比较麻烦了。这时，若设

定倾角 θ 为某个特殊角，例如设定为 45° 或 30°、60°，如图 11-19b、c 所示，于是通过事前计算，得出 45° 透视网格的截距为 $\frac{1}{\sin 45°} \approx 1.4$，30°、60° 透视网格的截距分别为 $\frac{1}{\sin 30°} = 2$、$\frac{1}{\sin 60°} \approx 1.2$。于是，利用这个既定的关系就可在这种透视网格的任一位置上画出边长为 1 的单位立方体，或按每格边长所代表的实际长度，计算出所截得的截距值，就可用以确定出形体各个不同部位在所处位置上的透视高度了。

图 11-20 所示是在一点透视中用截距法求家具的透视高度的例子。设图中方格网每一格的边长为 20 cm，所画家具的尺寸大小如图 11-20a 所示。在画出各家具的基透视之后，就可过各家具基透视的某些顶点，作水平直线与相邻的透视网格线相交，再根据各家具的已知高度，按截距 =1 乘以每格边长所代表的实长，截取所需的长度，并就地竖起来，就得出所画家具的透视高度，如图 11-20b 所示（由于原有的透视网格范围有限，在求取家具各处的透视高度时，图中采用了将水平直线上的"截距"等距离地加长的方法求解，例如坐凳的透视高度，取原有的一格再加长一格并按目测再多取一点，即图中取"2×20+5"便可。这样做实质上是用此法扩大了透视网格的范围）。

例 11-5 已知某家具的大小及尺寸同图 11-20a，并且已画出每格边长为 20 cm 的 30°—60° 透视网格和该家具的基透视，试确定该家具的透视高度（图 11-21）。

分析：30°—60° 透视网格的截距分别为 1.2、2，如图 11-19c 所示。

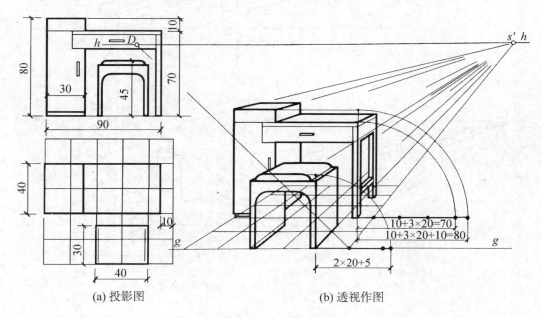

(a) 投影图   (b) 透视作图

图 11-20　截距法的应用（一）（单位：cm）

作图：

（1）过顶点 A^0 作水平直线与 60° 方向的 4 条相邻网格线相交，得截距值 $4 \times 1.2 \times 20 = 96$（cm），按目测比例取其中的 80 cm，即为桌子左侧竖直轮廓线的透视高度。

（2）同理，过顶点 B^0 作水平直线亦可截得 $2 \times 1.2 \times 20 = 48$（cm），按目测比例取其中的 45 cm，即得坐凳的透视高度。

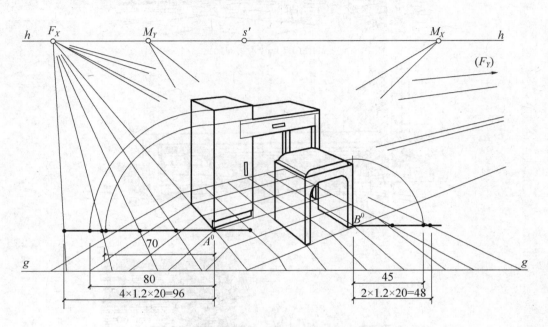

图 11 – 21　截距法的应用（二）（单位：cm）

11.3.3　比例控制法

比例控制法是指以视平线作为基准线，当明确地知道图中视平线高度的尺寸时，就可利用该视平线来控制配景人物的比例高度。

例如，当视高为 1.7 m 时（图 11 – 22a），只要将人头画得接近于视平线，而脚部又落在地面上时，其身高都会视为 1.7 m。即所配人物的高度与视高之比为 1.7 : 1.7 = 1 : 1。

如果视平线高度低于或高于 1.7 m，或者人物的位置不在地面上时，则可按人物所在地点的实际情况，利用比例关系控制人物的高度，如图 11 – 22b、c 所示。

（a）视高为1.7 m时人物的配置

（b）视高为1.0 m时人物的配置

（c）视高为–1.0 m时人物的配置

图11－22　比例控制法的应用

11.4　建筑透视图的实用画法

所谓实用画法其实是在上述基本画法的基础上归纳出的相对简明、便捷而且易于掌握的一种作图方法。

11.4.1　一点透视实例

1. 用网格法绘制

网格法最常用于绘制表现室内平面布置的一点透视。画图时首先画出地面上带网格的透视空间，然后"对号入座"，就可画入室内所布置的各件家具陈设的基透视进而完成作图。

例 11-6 已知某起居室的平面布置图(图 11-23a)，试用网格法画出它的一点透视。设该起居室净高 2.8 m，家具的基本尺寸参照常用家具(图 11-24)设定。

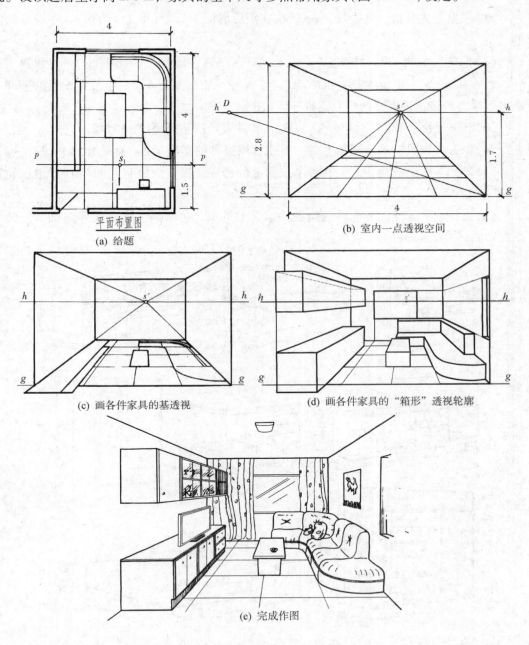

(a) 给题

(b) 室内一点透视空间

(c) 画各件家具的基透视

(d) 画各件家具的"箱形"透视轮廓

(e) 完成作图

图 11-23 某起居室的一点透视(单位：m)

分析:

该起居室的平面为 4 m×5.5 m 的矩形,为了突出靠后边的储物柜和沙发的造型,可考虑将画面(即基线 p—p)选择在略为靠后的位置上。

作图:

(1)根据上述分析,将基线 p—p 设定在距后墙面 4 m 处(图 11-23a),并设定画图的比例。

(2)设视高 h=1.7 m,视距 d=Ds′ 略小于 4 m,在图纸上画出基线 g—g 和视平线 h—h,并在 h—h 上定出主点 s′ 和距点 D。于是便可根据室宽 4 m、进深 4 m、净高2.8 m 画出该居室的带透视网格的一点透视空间(图 11-23b)。

(3)根据平面布置图"对号入座",画入各件家具的基透视(图 11-23c)。

(4)以各件家具的基透视为基础,参照常用家具的高度尺寸(参阅图 11-24),按截距=1 计算出截距值后确定它们在各个位置上的透视高度,画出它们的"箱形"透视轮廓(图 11-23d)。

(5)据经验或创意,准确地描绘各件家具的造型,再添画一些陈设等的细节,便可完成作图(图 11-23e)。

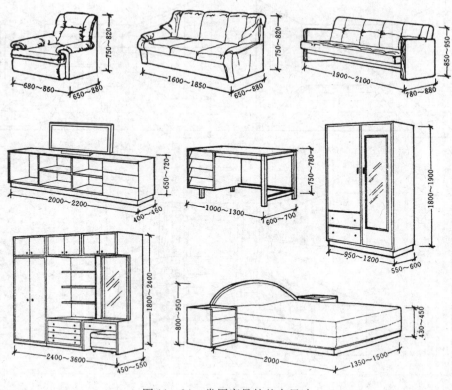

图 11-24　常用家具的基本尺寸

2. 用距点法绘制

例11-7 已知某校门的两面投影和尺寸如图11-25a所示。试按比例1:100画出它的一点透视。

分析： 从图11-25a可知，该校门体量较大，其正立面图能较明显地反映出该校门的形状特征，人员通常正对着门口出入，故选画一点透视较为适宜。画图时还宜将画面 P 与该校门屋面板的前表面重合，并将站点 s 设定在校门中部前方、视距约等于校门总宽(即图形宽度 $K = 8000$ mm)的距离处。至于视高 h，本例则按人的平均身高 1.7 m 选取。

作图：

(1)若按上述的基本画法，首先要做作好如下的准备工作，才能正式作图：设定透视参数，在平面图中画出一条适合作图用的重合于屋面板前表面的基线 $p-p$(图11-25a)，并大致上在其中部的正前方按 $d = 8000$ mm 定出站点 s；再设点 a 为坐标原点，在它的左边量 5000 mm 得点 b_1，于是 $b_1 b$ 为截取校门进深透视用的辅助直线；又再过 s 作 $sd /\!/ b_1 b$，便可在 $p-p$ 上得出距点的投影 d。然后再按投影关系返回到立面图中去，才得视高为 1700 mm 的视平线 $h-h$ 上的主点 s' 和距点 D。

(2)若按实用画法，则可省去上述(1)所说的准备工作，而可直接在图纸上作图。其步骤是：

①按比例1:100直接在图纸上画入基线 $g-g$、视平线 $h-h$，并在 $h-h$ 上定出主点 s' 和按 $s'D \approx K$ 定出距点 D，以及在 $g-g$ 上参照投影图中的相对位置定出原点 a^0 (图11-25 b)。②为了作图准确和清晰，在图纸的下方另画一条"降低基线 g_1-g_1"(降低的距离可以是任意的)。在 g_1-g_1 上同样定出原点 a_1^0，在 a_1^0 的左侧按宽度尺寸 100 mm、4200 mm、2800 mm 依次定出一系列的点，分别过这些点作直线与主点 s' 相连的一系列进深方向上的透视线。再在 a_1^0 的左侧按进深尺寸 1500 mm、2000 mm、1500 mm 依次定出三个点，分别过这三个点作直线与距点 D 相连并与 $a_1^0 s'$ 线相交，于是就可得校门各处进深的透视位置，亦即可画出该校门降低基线后的基透视，如图11-25b 的下部所示。

③将降低基线后所求得的各处进深的透视，返回到原基线 $g-g$ 的上方，就得到实际作图用的基透视。最后，竖真高线 6000 mm 和按 3500 mm、800 mm 定出屋面板的高度位置，就可逐步画出整个校门的透视。

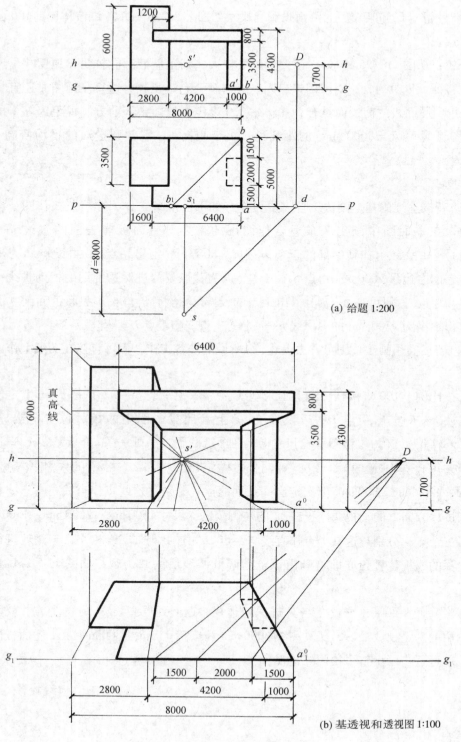

(a) 给题 1:200

(b) 基透视和透视图 1:100

图 11−25　某校门的一点透视(单位：mm)

11.4.2　两点透视实例

1. 任意角度的两点透视

这里说的任意角度，是指形成两点透视时，形体相邻两主立面与画面之间的夹角不是特殊角度 45°或 30°—60°时的一般情况。

例 11 – 8　设已知某酒店入口处的平面图和剖面图（图 11 – 26a），试用量点法加建筑师法放大一倍画它的两点透视。

分析：从图 11 – 26a 可见，该入口处的左侧有一个圆形月门，可通往另一个大厅；其右侧为店面的服务台。作图时，可令基线 p—p 通过服务台的一个柱角而与左侧较远处的墙面相交，并取视高相当于人的平均身高。

作图：

（1）在平面图中画入基线 p—p，恰当地定出站点 s，求出 p—p 上的五个点 f_x、f_y、s_1、m_x、m_y（图 11 – 26a）。

（2）在图纸上画出视平线 h—h 和基线 g—g，按图 11 – 6a 的结果在 h—h 上定出 F_X、F_Y、s'、M_X、M_Y 五个点，在 g—g 上相对地定出顶点 A^0（图 11 – 26b，为了便于理解，本图暂不放大）。

（3）再过 g—g 上的点 A^0 竖真高线；在点 A^0 的右侧按服务台长 ac 定出点 c_1；在点 A^0 的左侧分别按 ab、ad 之长定出点 b_1、d_1，按 an 之长定出点 N^0。于是通过这些点和所竖的真高线就可利用灭点和量点，画出该入口处的两点透视的主要轮廓。

（4）按题意将图 11 – 26b 各处用以度量的线性长度，例如五个点 F_X、F_Y……之间的相对距离和视高等都放大一倍，画出图 11 – 26c 的主要轮廓（此时，灭点 F_X、F_Y 落在图纸之外，可将 h—h 延长并准确地标出它们的位置所在）。于是，再采用前面学习过的各种方法之一，例如采用建筑师法，即过站点 s 作视线的水平投影与 p—p 相交的方法，求出该月门圆心的透视 O^0 及月门宽度的透视，再采用几何作图等方法，就可逐步画出该入口处细部的透视，完成作图。

2. 特殊角度的两点透视

当夹角 α、β 的大小为任意时，视平线上五个点 F_X、M_Y、s'、M_X、F_Y 的相对位置，必须像图 11 – 26a 那样通过作图才能求得。这样相对来说麻烦了一些。可想而知，若将夹角 α、β 给定为某个特殊角，并将视距 d 限定为某种定约时，则视平线上两个灭点之间的距离以及主点和两个量点的相对位置就可按一定的规律事先确定。这样，对简化两点透视的作图，将带来很大的好处。

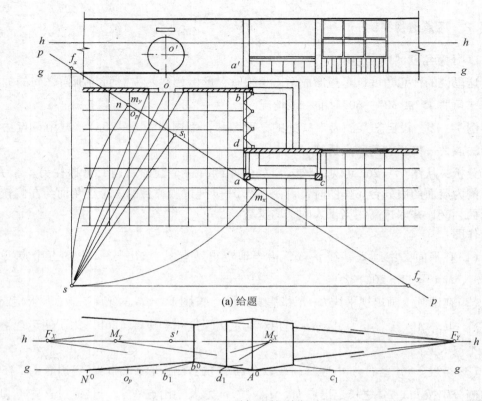

(a) 给题

(b) 画主要透视轮廓

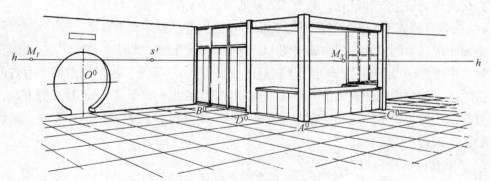

(c) 放大一倍画入细部轮廓

图 11 – 26　某酒店入口处的两点透视

（1）45°透视

当 $\alpha = \beta = 45°$ 时，称之为 45°透视。若再设 $d \approx K$，于是有（图 11 – 27）：

$$F_X F_Y = F_X s' + s' F_Y = 2d \approx 2K \tag{11-1}$$

$$F_X M_X = M_Y F_Y = F_X F_Y \cdot \cos 45° = 0.7 F_X F_Y \tag{11-2}$$

$$s' M_X : M_X F_Y = s' M_Y : M_Y F_X = 2 : 3 \tag{11-3}$$

即是说，如果选画的是 45°透视，就不必再通过作图去逐一求取视平线上的 F_X、F_Y、M_X、M_Y、s' 五个点，而只要估算出拟画的透视图形的大小，即画幅宽度 K 之后，就可事先在视平线上按 $F_XF_Y \approx 2K$ 定出左、右两个灭点，再取其中点和按 2∶3（或 3∶2）的比例关系，就可依次定出 s' 和 M_X、M_Y 了，如图 11–27b 所示。

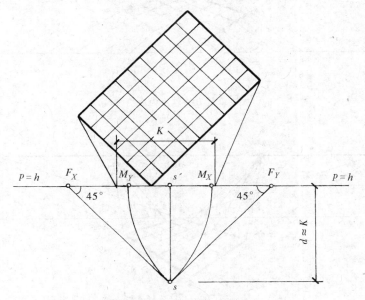

（a）45°透视中的灭点、量点和主点

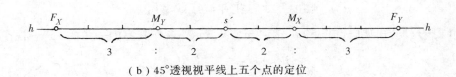

（b）45°透视视平线上五个点的定位

图 11–27 45°透视

图 11–28 是一个边长为 5∶4 的矩形平面的 45°透视。其中图 11–28a 所示为以矩形前方的顶点 A 为原点时的作法（参阅图 11–27a）。此时 X 方向上的四个单位长度取在点 A^0 的左侧，将各等分点与 M_X 相连，分割 A^0F_X 得四个单位的透视长度；同理，在点 A^0 的右侧取 Y 方向上的五个单位长度，将各等分点与 M_Y 相连，也分割 A^0F_Y 得五个单位的透视长度。于是再通过这些分割点分别作透视线就可得该矩形平面及其网格的透视。

作该矩形平面的透视也可将原点设定在其后方的顶点 A^0 上，但这时因等分点的坐标值变为负值，故在 X 方向上的四个点应取在原点 A^0 的右侧；Y 方向上的五个点则应取在点 A^0 的左侧。具体作图见图 11–28b。两种作法都是可以的。

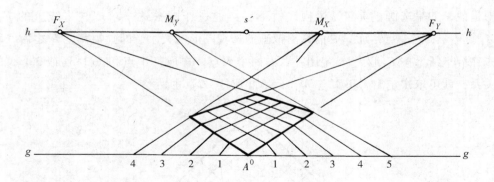

（a）以前方的顶点为原点时

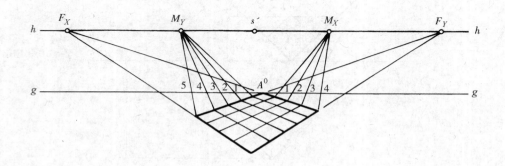

（b）以后方的顶点为原点时

图 11-28　矩形平面的 45°透视

例 11-9　已知某居室长 5 m、宽 4 m、高 3 m，求作其室内一角的 45°透视空间（图 11-29）。

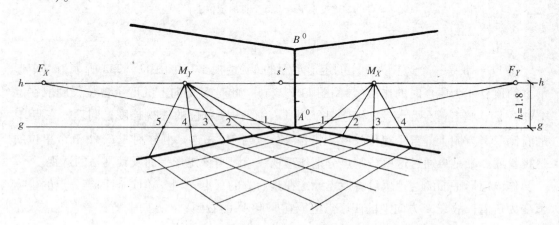

图 11-29　室内一角的 45°透视空间

分析：根据已知室内的长度和宽度尺寸，选定作图比例后，便可参照图 11－27 的方式大致确定画幅宽度 K 的大小，即两灭点 F_X、F_Y 之间的距离。

作图：

①在图纸适当的位置上画出视平线 h—h，并在其上按选定的作图比例和距离先定出左、右两个灭点 F_X、F_Y，再按图 11－27b 的办法依次定出 s' 和 M_X、M_Y。

②任设视高 $h=1.8$ m，画入基线 p—p 和真高线 A^0B^0（A^0B^0 最好通过主点 s' 或在其附近），再按既定比例以点 A^0 为原点分别在基线上每隔 1 m 向左取五个点得左边的点 5 等，向右取四个点得右边的点 4 等，并在真高线上取三个点得点 B^0 等。

③分别过点 A^0、B^0 用直线与灭点 F_X、F_Y 相连（实质上是自 A^0、B^0 端向相反的方向延长），于是得地面和顶棚轮廓线的透视，即得 45°透视空间。

④若再过量点 M_X 用直线与基线上右边的四个点相连并延长之，分别与 F_XA^0 的延长线相交，得 X 向的地面轮廓线上的四个点；同理过 M_Y 与左边的五个点相连，又可与 F_YA^0 的延长线相交得 Y 向上的五个点。最后分别过这些点向 F_X、F_Y 作透视线，就可得该居室地面的边长为 1 m 的透视网格。借助这个透视网格，就可以很方便地将平面布置图中所示的家具定位，完成作图（图 11－29）。

例 11－10 已知某起居室长、宽均为 4 m，净高 2.8 m，在地面上摆放有沙发（靠背高 1.0 m）、酒柜（高 0.8 m）、方桌（高 0.4 m）等家具。它们的位置和尺寸大小可参照地面上的边长为 1 m 的方格网来确定（图 11－30a）。设视高 $h=1.8$ m，试绘制它的 45°透视。

分析： 该起居室平面呈正方形，故用 45°透视去表现比较适宜。画透视网格时，令基线 p—p 通过平面图的室内后方顶点 a，作图可相对简捷些。

作图：

①画出视平线 h—h，选定画图比例和估算出画幅宽度后，在 h—h 上定出 45°透视的 F_X、F_Y、s'、M_X、M_Y 五个点；再按视高 $h=1.8$ m 画入基线 g—g 和在其上定出顶点 A^0，并在点 A^0 的两侧每隔 1 m 各取 4 个点，于是画得边长为 1 m 的 45°透视网格及各件家具的基透视（图 11－30b）。

②采用"截距法"画出各件家具的透视高度。例如左后方的酒柜，因它高 0.8m，故取略大于该处截距 1.4 的一半，即为其透视高度。再按室内净高取 $A^0B^0=2.8$m 定出点 B^0，于是可画出室内透视空间（图 11－30b）。

③在图 11－30b 的基础上，再通过创意，凭目测和参照各件家具的式样，徒手或适当地运用绘图器具，逐一画入各件家具的细部，便可完成作图（图 11－30c）。

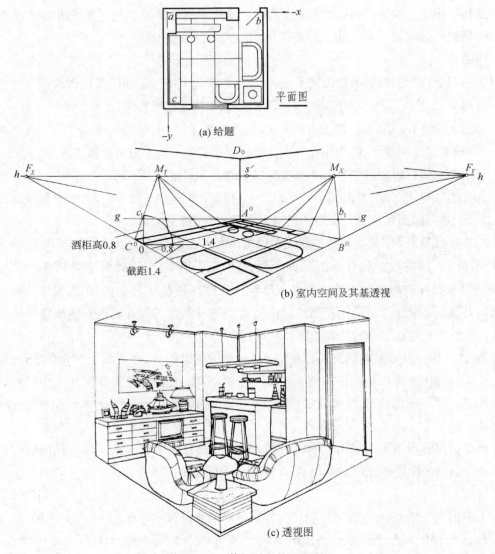

(a) 给题

(b) 室内空间及其基透视

酒柜高0.8

截距1.4

(c) 透视图

图 11 - 30　某起居室的45°透视

例 11 - 11　已知某商厦的平面图和立面图（图 11 - 31a），试放大一倍画出它的45°透视。

分析：该建筑物由一个大四棱柱和尺寸相同的两个小四棱柱组成。其中大四棱柱下方被截割去了一个矩形切口；而两侧的小四棱柱则是与大四棱柱相咬合的。画45°透视时，设画面通过左侧小四棱柱的左前角，并取视平线的高度约等于小四棱柱高度的一半。

作图：

①画入视平线 h—h，并按上述式（11 - 1）和式（11 - 2）、式（11 - 4）的要求依次在其上定出 F_X、F_Y、s'、M_X、M_Y 五个点（按题意将 F_X、F_Y 的间距放大一倍。本例估算画幅宽度 K 的方法与图 11 - 28 有所不同，因为对 K 值的大小不必要求很严格，该图令

$F_X F_Y \approx 2 \times 2.3K$)。

②在视平线 h—h 的下方按所设视高同样放大一倍画入基线 g—g 和一条降低基线 g_1—g_1，并在这两条基线上分别恰当地定出原点 A^0 和 a^0。

③在 a^0 的左侧按 ab 之长(同样放大一倍)定出点 b_1，连接 $b_1 M_X$ 与 $a^0 F_X$ 相交，于是得点 b 的基透视 b^0。图中由于点 c 的 x 坐标是负值，所以点 c_1 必须定在 a^0 的右侧；连接 $M_X c_1$ 并延长之，于是在 $F_X a^0$ 的延长线上得点 c_1 的基透视 c_1^0。至于 Y 方向的各个点的求法，请读者自行分析。

④过 A^0 竖真高线，便可画出两个小四棱柱的透视。再过 $c_1^0 F_Y$ 与 g_1—g_1 的交点 c_1 竖真高线，又可画出大四棱柱的透视。最后，区分可见性，完成作图，如图 11-31b。

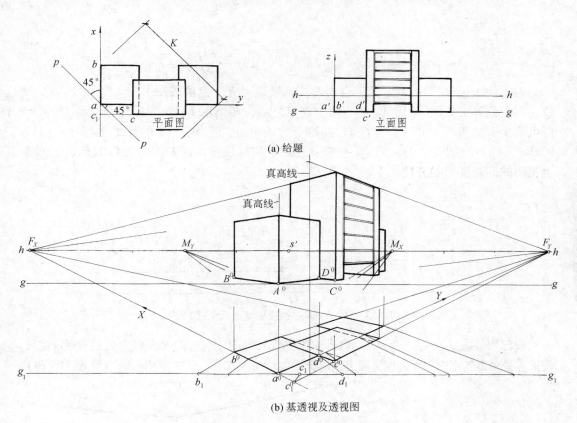

(a) 给题

(b) 基透视及透视图

图 11-31 某商厦的 45°透视

(2) 30°—60°透视

当 $\alpha = 30°$、$\beta = 60°$ 时称之为 30°—60°透视，再设 $d \approx K$，于是可有(图 11-32)：

$$F_X F_Y = F_X s' + s' F_Y = d\cot 30° + d\cot 60°$$
$$= 1.73d + 0.57d = 2.3d \approx 2.3K \tag{11-4}$$
$$F_X M_X = F_X s = F_X F_Y \cdot \cos 30° = 0.86 F_X F_Y \tag{11-5}$$
$$F_Y M_Y = F_Y s = F_X F_Y \cdot \cos 60° = 0.5 F_X F_Y \tag{11-6}$$
$$F_Y s' = F_Y s \cdot \cos 60° = 0.5 F_Y M_Y \tag{11-7}$$

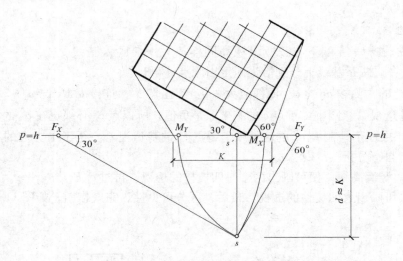

图 11-32　30°—60°透视中的灭点、量点、主点之间的相对位置

为了便于记忆，作 30°—60°透视时，视平线上五个点可按图 11-33 所示的方法定位，即按约等于 2.3K 定出 F_X、F_Y 两个灭点之后，相继取 F_XF_Y、M_YF_Y 和 $s'F_Y$ 的中点，便可依次得出 M_Y、s' 和 M_X 三个点。按这个方法定位，点 M_Y 和 s' 的位置是符合式(11-6)和式(11-7)的要求的，但 M_X 存在着一定的位置误差，误差值约为 $0.01F_XF_Y$，对画透视图的准确度影响甚微。

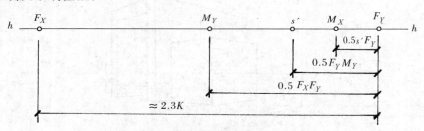

图 11-33　30°—60°透视视平线上五个点的定位

设已知某居室长 5 m、宽 4 m、高 3 m 和视高 h，按上述方法将视平线上的五个点定位后，便很容易画出其室内一角的以宽度方向对画面的倾角为 30°的 30°—60°透视空间(图 11-34)。

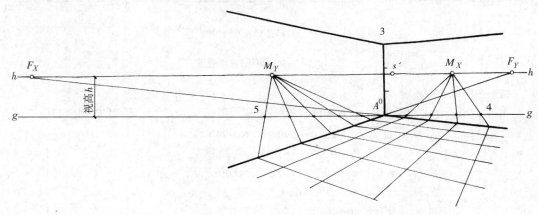

图 11-34　室内一角的 30°—60°透视空间(以后方顶点为原点时的画法)

例 11－12　已知某住宅单元饭厅的净面积为 2 m×3 m，净高 2.7 m，饭厅上方用带储物柜的玻璃隔断与厨房分开（图 11－35a）。设餐桌高 0.8 m，沙发（坐面）高 0.4 m，储物柜宽 0.5 m，高 0.54 m，视高 h＝1.5 m，试画出它的 30°—60°透视。

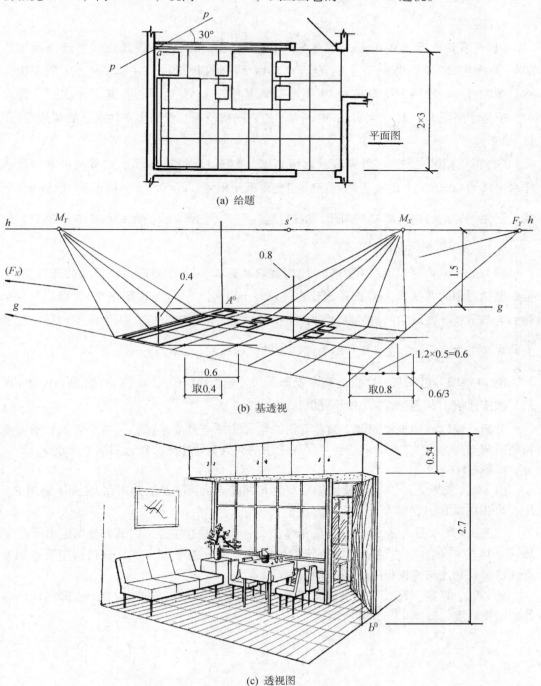

(a) 给题

(b) 基透视

(c) 透视图

图 11－35　住宅饭厅的 30°—60°透视（单位：m）

233

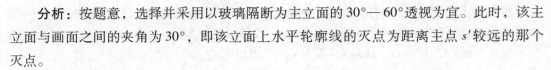

分析： 按题意，选择并采用以玻璃隔断为主立面的30°—60°透视为宜。此时，该主立面与画面之间的夹角为30°，即该立面上水平轮廓线的灭点为距离主点 s' 较远的那个灭点。

作图：

（1）先在饭厅平面图中画入以 0.5 m 为边长的方格网，再按题意和上述规律定出30°—60°透视的视平线 h—h 上的五个点（其中 F_X 落在图纸之外并远在主点 s' 的左边）。然后选取合适的比例，按视高 $h = 1.5$ m 画入基线 g—g 并恰当地在其上定出一个顶点 A^0。于是参照图 11−34 便可画出30°—60°透视网格及进一步画出各件家具的基透视（图 11−35b）。

（2）再用截距法定出各件家具的透视高度，如图 11−35b 所示，过餐桌的某一顶点作水平线与60°方向上的相邻两网格线相交得截距值：1.2×0.5 m $= 0.6$ m，取该 0.6 m 的 $1\frac{1}{3}$ 便得餐桌的透视高度。同理，取过沙发某一顶点所求得的截距值 0.6 m 的 $\frac{2}{3}$，便为沙发（坐面）的透视高度。

（3）过顶点 A^0 竖真高线并按同一比例截取真高 2.7m，于是画得该饭厅的透视空间。再根据储物柜的宽度 0.5 m（图中表现为过点 b^0 向上引竖直线与顶棚相交），定出它在顶棚上的基透视。截取它的透视高度时，图中采用了"比例控制法"。因为该室内任一位置上的真高都为 2.7 m，故取其 $\frac{1}{5}$ 即为储物柜的透视高度，如图 11−35c 所示。

例 11−13 已知某写字楼的两面投影及尺寸（比例 1∶100，单位 m）如图 11−36a 所示，试按比例 1∶60 画出它的30°—60°透视。

分析： 设以该建筑物的前立面左下角的点 A 为原点建立坐标系，并令建筑物前立面与画面的倾角为30°，此时前立面水平轮廓线的灭点为距主点 s' 较远的那个灭点 F_Y。

作图（1∶60）：

（1）画入视平线 h—h，估算出图形宽度 K 并按 $F_X F_Y \approx 3 K$ 的距离在 h—h 上定出 F_X、F_Y，再相继取其中点得 M_X、s'、M_Y。

（2）按视高 h 画入基线 g—g 和降低基线 g_1—g_1，并在主点 s' 的下方分别定出原点 A^0 和 a^0。再在 a^0 的左、右侧分别按所给的坐标尺寸定出若干点，于是分别利用灭点和量点画得建筑物的基透视（图 11−36b 的下方）。

（3）再过 A^0 竖真高线，分别取高度为 6、16、38 三个点。通过这三个点即可求出各处的透视高度，如图 11−36b 所示。

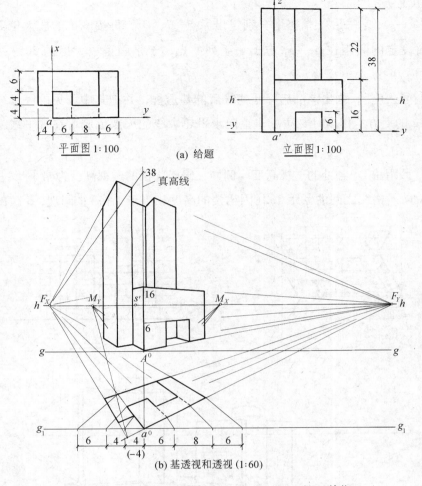

图 11－36 用量点法画某写字楼的 30°—60°透视(单位：m)

例 11－14 已知广州花园酒店主体建筑的两面投影(图 11－37a)，试画出它的 30°—60°透视。

分析： 该酒店主体建筑由裙楼和两座 Y 形塔楼组成。由于其平面形状多变，故适宜采用网格法画它的透视图。

作图：

(1)按比例选择合适的尺寸间距，在平面图中画入方格网并编号；再用同样的尺寸间距画入一系列水平线表示出该建筑立面的相对高度(图 11－37a)，图中裙楼的高度相当于 1 格。

(2)设定拟画透视图相对于原图的放大倍数(本例为放大 2.4 倍)，在图纸上画入视平线 $h—h$、基线 $g—g$ 以及降低基线 $g_1—g_1$(图 11－37b)。

(3)在 $h—h$ 上按 30°—60°透视的规律恰当地定出 F_X、F_Y、M_X、M_Y、s' 五个点(本例设 $F_X F_Y \approx 3.5\,K$，又因幅面有限，F_Y 落在图纸之外，也应按 $F_X M_X = M_X F_Y$ 在 $h—h$ 上确

235

定出 F_Y 的位置)。

(4)在 g—g、g_1—g_1 上恰当地分别定出原点 O^0、O_1,再按既定的放大倍数 2.4 将图 11 – 37a 设定的间距在 g_1—g_1 定出一系列的点,于是画得放大后的 $30°$—$60°$ 透视网格。

(5)"对号入座",画出该酒店降低基线后的基透视,并把其中可见的一部分返回到原基线 g—g 的上方。作图时要注意非主向水平轮廓线的灭点也应落在视平线 h—h 上,如 F_1、F_2。

(6)用"截距法"求各处的透视高度。例如:裙楼 A 楼的透视高度为略小于过 a^0 所截得的两条 X 向网格线之间的截距 1.2(因裙楼的高度相当于 1 格);同理,B 楼的透视高

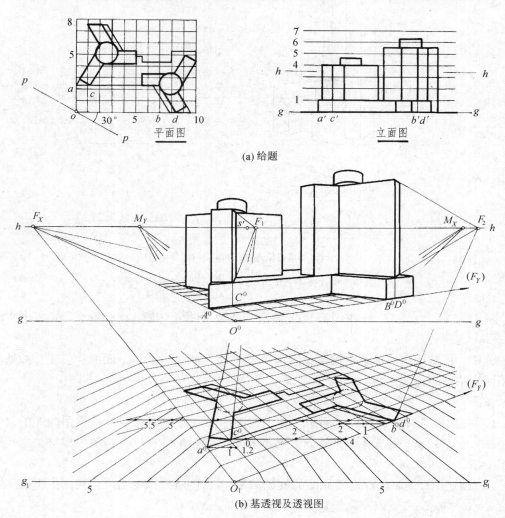

(a) 给题

(b) 基透视及透视图

图 11 – 37　用网格法画广州花园酒店的 $30°$—$60°$ 透视

度为过 b^0 所截得的两条 Y 向网格线之间的截距"2"的一半。对左塔楼来说，它的高度相当于4格，故其 C 棱的透视高度为过 c^0 所截得的两个 Y 向网格线之间的截距"$2 \times 2 = 4$"；同理，右塔楼高5.5格，故其 D 棱的透视高度则为过 d^0 所截得的5.5个 Y 向网格线之间的截距的一半。其余类推。

（7）逐步绘画出各处水平轮廓线的透视。要注意塔楼部分水平轮廓线的灭点也应在视平线上，而且互相平行的轮廓线必有共同的灭点例如 F_1、F_2。最后整理全图，便得所求的透视图，如图 11-37b 的上半部所示。

11.5　超视角透视

在前面 11.1.3 节中探讨"视点的选择"原则时，曾提到过：在一般情况下，视距 d 的大小以等于或稍大于画幅宽度 K 为宜。这是因为与这个视距范围对应的水平视角 α 大约为54°，比较符合人眼视觉的生理功能和观察习惯；也就是说，按照这个视角范围绘画所得的透视图比较符合人眼日常观察得到的视觉印象。

然而，在绘画透视图时，特别是在绘画室内设计效果图时，设计师为了取得某种特殊效果，例如有意使所表现的室内空间显得比实际更深邃、广阔和富有吸引力，往往采用增大视角即缩小视距的手法，使成图的透视感比人眼日常的实际观感强烈许多，从而使人获得一种新奇、变异与夸张的感受。

这种超出人眼生理极限的视角，本教材称之为超视角；运用这个手法所画得的透视图则称之为超视角透视。至于超视角的角度究竟为多大，不能一概而论，通常可取90°或更大一些。下面举几个例子。

1. 超视角一点透视

图 11-38a 所示为由平面图和1—1剖面图给定的一处室内空间。它的后墙上有一个窗洞，左边为带一矩形立柱的回廊，右边通过门洞可进入另一个房间；室内的平面形状为矩形，进深 600 mm + 900 mm + 2 000 mm = 3 500 mm，比开间宽度4 000 mm 略小一些。

图 11-38b 为按常规视距 $d = K = 4\,000$ mm，即 $\alpha \approx 54°$ 时绘画所得的一点透视。从该图可见，其透视感比较平缓，该图所反映的室内空间，其进深与宽度之比在人们的心目中觉得比较符合实际。

图 11-38c 为缩小视距，即增大视角，令 α 约为90°时绘画所得的同一室内的超视角一点透视。从该图可见，其"进深"感觉比实际"深邃"了许多。

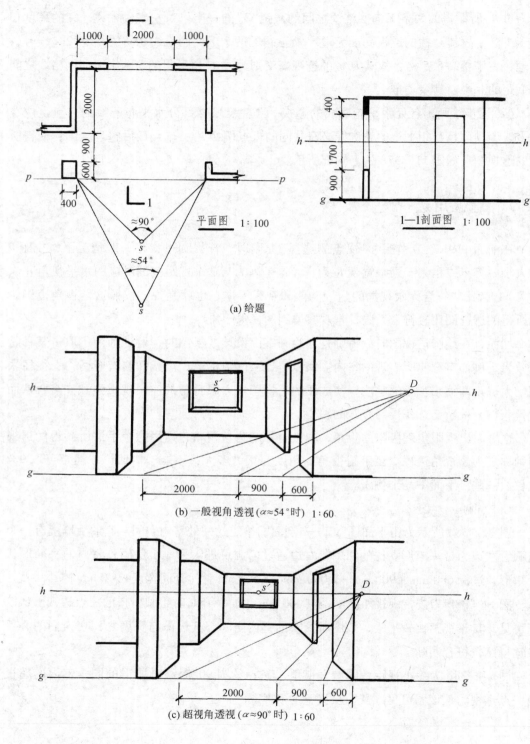

1000　2000　1000

2000

900

600

400

p　　　　　　　p

≈90°

s

≈54°

s

平面图　1：100

400

h　　　　　　h

1700

900

g　　　　　　g

1—1剖面图　1：100

(a) 给题

h　　　　　　　　　　　D　　　h

s'

g　　　　　　　　　　　　　　　g

2000　　　900　　600

(b) 一般视角透视 ($\alpha \approx 54°$ 时)　1：60

h　　　　　　　　　　　D　　h

s'

g　　　　　　　　　　　　　　g

2000　　　900　　600

(c) 超视角透视 ($\alpha \approx 90°$ 时)　1：60

图 11-38　超视角与一般视角一点透视的比较 (单位：mm)

2. 超视角两点透视

在按常规视距绘画所得的室内两点透视中，通常表现的仅为室内的一角，即只能显示出室内的四个界面，如前面的图 11－30 等所示。

为了能获得像一点透视那样纵深感强，即能显示出室内五个界面且画面效果比较活泼的透视图，可采用超视角两点透视的画法。

图 11－39 所示是一个范例。设某居室净高 3 m，窗台高 0.9 m，窗头和门头高 2.6 m；已知其平面形状和尺寸如图 11－39a 所示。画它的超视角两点透视时，令 $p—p$ 通过内墙角 a，并与相邻两墙面分别成任意角 α、β；再令站点 s 位于室内离 $p—p$ 不很远的位置上，视高为 1.7 m，于是运用量点法（也可用其他方法）即可画得该居室的超视角两点透视如图 11－39b 所示。从图 11－39a 中过站点 s 的两条虚线的夹角可见，此时的水平视角超过了 90°。

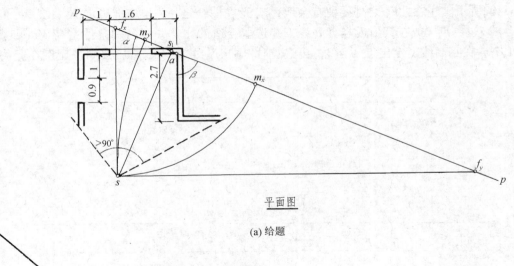

平面图

(a) 给题

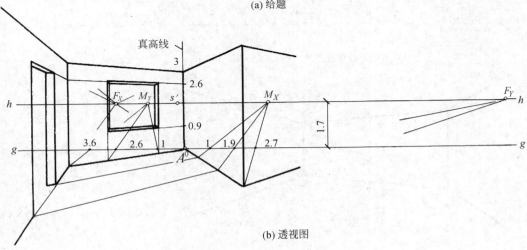

(b) 透视图

图 11－39 超视角两点透视（单位：m）

3. 超视角 30°—60° 透视

从图 11-39 可以看出，本来面积不大的居室，由于采用了超视角透视来表现，结果看起来它所表现的室内空间要比实际的广阔了许多。因此，这种画法很受一些室内设计师的欢迎。但从该图可见，当角度 α、β 为任意角时作图似乎比较麻烦。下面介绍一种具有相同效果的建立在 30°—60° 透视基础上的简易画法。

例 11-15 设已知某居室高 3 m、宽 6 m、进深（长）5 m、视高 1.7 m。试画出它的 30°—60° 超视角透视（图 11-40）。

分析： 作室内 30°—60° 超视角透视时，一般应以反映居室宽度的立面为主立面，即将该主立面与画面之间的夹角设定为 30°，主立面上水平直线的灭点为远离主点 s' 的那个灭点，亦即在透视图中位于图纸之内的那个灭点应处于主立面的图形范围之内。

作图：

（1）在大小合适的图纸上画出视平线 h—h，并在 h—h 上以宽度为 6 m 的一方为主立面，按 30°—60° 透视的规律（相继取其中点）定出 F_X、F_Y、M_X、s'、M_Y 五个点，如图 11-40a 所示。注意，F_X 之外要留有余地；F_Y 落在图纸之外，也应准确定位。

（2）过主点 s' 或在其附近竖真高线，并选取合适的比例，按已知条件室高 3 m 和视高 1.7 m 在真高线上定出点 A^0、3，再过点 A^0 画出基线 g—g。然后按同一比例在 g—g

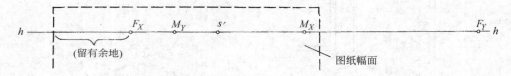

(a) 定出视平线上的五个点

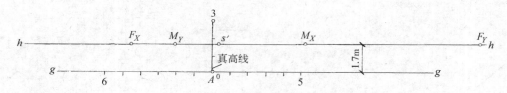

(b) 选取合适比例，确定 A^0、3、6、5 等点

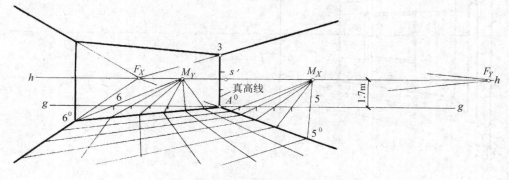

(c) 显示出五个界面的超视角两点透视空间

图 11-40 超视角 30°—60° 透视

上点 A^0 的左侧取宽 6 m 得六个点（表示宽 6 m 的一方应为包含 F_X 的一方），在右侧取进深 5 m 得五个点。在这里务必使左侧点 6 的位置落在点 F_X 界限之外一小段距离，以便获得超视角效果，否则要重新选取合适的比例或调整真高线的位置（图11-40b）。

（3）连接 F_YA^0、F_XA^0、F_X3、F_Y3 并延长之，再利用 M_Y6 的延长线在 F_YA^0 的延长线上定出点 6^0，于是便可逐步画出能显示该居室五个界面的超视角两点透视空间。最后，再利用 F_X、F_Y，分别通过 A^06^0、A^05^0 线上一系列的点，就可画出该居室平面上的30°—60°透视网格，如图 11-40c 所示，在该透视网格中，其截距仍分别为1.2 和2.0。

图 11-41 是一个超视角两点透视实例。

图 11-41　超视角两点透视实例——某大厦的室内游泳池设计效果图

土建工程制图

参 考 文 献

［1］ 李国生，黄水生. 土建工程制图［M］. 广州：华南理工大学出版社，2002.

［2］ 黄水生，姜立军，李国生. 土建工程图学［M］. 广州：华南理工大学出版社，2009.

［3］ 李国生. 室内设计制图与透视［M］. 3 版. 广州：华南理工大学出版社，2019.

［4］ 黄水生，陈晗宇，黄莉，等. 土建工程制图［M］. 广州：华南理工大学出版社，2014.

［5］ 李国生. 建筑透视与阴影［M］. 5 版. 广州：华南理工大学出版社，2019.

［6］ 袁果，胡庆春等. 土木建筑工程图学［M］. 3 版. 长沙：湖南大学出版社，2015.

［7］ 中华人民共和国国家标准. GB/T 50104—2010 建筑制图标准［S］. 北京：中国建筑工业出版社，2010.

［8］ 中华人民共和国国家标准. 技术制图［S］. 北京：国家质量技术监督局，1999.

［9］ 中华人民共和国国家标准. GB/T 50001—2017 房屋建筑制图统一标准［S］. 北京：中国建筑工业出版社，2018.

［10］ 中华人民共和国国家标准. GB/T 50106—2010 建筑给水排水制图标准［S］. 北京：中国建筑工业出版社，2010.

［11］ 中华人民共和国国家标准. GB/T 50103—2010 总图制图标准［S］. 北京：中国建筑工业出版社，2010.

［12］ 中华人民共和国国家标准. GB/T 50105—2010 建筑结构制图标准［S］. 北京：中国建筑工业出版社，2010.

［13］ 中华人民共和国国家标准. GB/T 50010—2010（2015 年版）混凝土结构设计规范［S］. 北京：中国建筑工业出版社，2015.

［14］ 中国建筑标准设计研究院. 混凝土结构施工图平面整体表示法制图规则和构造详图（11G101－1）［M］. 北京：中国计划出版社，2011.

［15］ 广州市城乡建设委员会. 村镇住宅设计图集［M］. 广州：广东省地图出版社，1992.

［16］ 中南地区工程建设标准设计办公室. 中南地区工程建设标准设计——建筑图集［M］. 北京：中国建筑工业出版社，2015.